DIESES Buch GEHÖRT

. . . .

EVOLUTION

oder Das Rätsel von allem, was lebt

Jan Paul Schutten

Evolution

oder Das Rätsel von allem, was lebt

— *Illustriert von Floor Rieder* —

Aus dem Niederländischen von
Verena Kiefer

GERSTENBERG

Evolution oder Das Rätsel von allem, was lebt erhielt folgende Auszeichnungen:

Buch des Monats, Deutsche Akademie für Kinder- und Jugendliteratur e.V.
Emys Sachbuchpreis, GEOlino
Wissensbuch des Jahres, Bild der Wissenschaft
Luchs, Die Zeit und Radio Bremen
Die besten 7 Bücher für junge Leser, Deutschlandfunk
Wissenschaftsbuch des Jahres, Shortlist, Österreichisches Wissenschaftsministerium, Buchkultur
Deutscher Jugendliteraturpreis, Nominierung

Wir danken dem Nederlands Letterenfonds für die Förderung
der Produktion und der Übersetzung ins Deutsche.

Nederlands letterenfonds dutch foundation for literature

5. Auflage 2018

Die Originalausgabe erschien unter dem Titel *Het raadsel van alles wat leeft en de stinksokken van Jos Grootjes uit Driel*

Übersetzung: Verena Kiefer
Printed in Lativa
www.gerstenberg-verlag.de
ISBN 978-3-8369-5797-7

INHALT

VORWORT

Vor etwa vier Milliarden Jahren drehte ein unglaublich heißer, zischender und brodelnder Planet seine Runden um die Sonne. Dann geschah etwas Verrücktes. Mitten in allem Zischen und Brodeln entstand dort Leben. Einfach so. Wie genau, weiß niemand. Aber die Folgen sind uns bekannt. Jede Menge mikroskopisch kleines Zeugs überzog den Planeten mit violetten, gelben und weißen Schleimflecken. In lauwarmen Pfützen, am Rand der Meere oder in kleinen Vertiefungen in der erstarrten Lava von Vulkanen – überall konnte sich lebender Schleim entwickeln. Es muss ganz schön gestunken haben, nach Schwefel und faulen Eiern, wie ein Gemisch aus Pups und Stinkesocken. Aber langsam entstand aus diesem Schleim anderes Leben: Würmer und Schnecken, Schwämme und Algen. Und seit dieser Zeit kriecht und krabbelt auf diesem Planeten, den wir Erde nennen, alles Mögliche herum.

Vier Milliarden Jahre nachdem das erste Leben in Form von Bakterien entstand, gibt es Menschen auf diesem Planeten. Menschen sind Tiere, aber schon ganz besondere – es sind die einzigen Tiere, die über komplizierte Fragen nachdenken können: Welche Socken ziehe ich heute an? Wie ist das Wetter morgen? Warum ist Wasser nass? Woher kommt das Leben? Wie sind all die Pflanzen und Tiere entstanden? Und die Menschen, woher kommen die denn? Oft sind es Kinder, die diese Fragen stellen (Erwachsene denken eher mal: ja klar, wird schon irgendwie gewesen sein). Kinder sind neugierig, sie wollen alles wissen. Aber zum Glück gibt es auch neugierige Erwachsene. Die werden Forscher und versuchen herauszufinden, wie alles so gekommen ist. Ein Physiker kann uns erklären, warum Wasser nass ist, ein Biologe kann erzählen, warum ein Wurm lebt, ein Stein aber nicht, oder weshalb ein Pups stinkt. Und ein Paläontologe kann exakt herausfinden, wie groß das Hinterbein eines *Tyrannosaurus* war. Auf diese Weise verstehen wir immer besser, wie das so ist mit der Welt. Wir wissen jetzt ziemlich genau, wie alt der Weltraum ist, und kennen auch das Alter der Erde, wir wissen, wie Tiere und Pflanzen im Laufe von Jahrmillionen entstanden sind und warum das Rind ein entfernter Verwandter vom Wal ist und nicht vom Pferd.

Aber wie erklärt man das alles? Forscher sind gut darin, allerlei komplizierte Sachen zu untersuchen, aber etwas Kompliziertes zu erklären ist eine ganz andere Sache. Dafür braucht man Journalisten – oder Schriftsteller. Jan Paul Schutten ist so jemand. Der kann komplizierte Dinge sehr gut erklären. In diesem Buch erklärt er so viele Dinge, dass du es vielleicht mehrmals lesen musst, um alles zu verstehen. Aber – und das ist eigentlich noch wichtiger – er erzählt auch, dass es Dinge gibt, die wir noch *nicht* wissen. Wir verstehen immer noch nicht, wie das erste Leben entstand. War es plötzlich einfach da? Sauste es aus dem Weltraum heran? War es doch eine göttliche Schöpfung? Für einige wissenschaftliche Fragen gibt es immer noch keine eindeutige Antwort. Das macht Wissenschaft gerade so schön, dass man neugierig bleiben und noch immer voller Fragen stecken kann. Was liegt hinter dem Ende des Weltraums? Wie viele Jahre hält die Sonne noch durch? Wenn Vögel von den Dinosauriern abstammen – kann man dann überhaupt sagen, Dinos seien ausgestorben? Wo entstand der erste moderne Mensch? Deshalb gefällt mir dieses Buch so gut. Dir auch?

Jelle Reumer, Direktor des Naturkundemuseums Rotterdam

Noch ganz kurz, bevor wir endgültig loslegen

In diesem Buch ist manchmal von riesigen Zahlen die Rede. Zahlen, die so groß sind, dass man sich nicht wirklich etwas darunter vorstellen kann. Der *Tiktaalik* zum Beispiel, einer der Helden dieses Buchs, lebte vor etwa 370 Millionen Jahren. Du hast hundert Milliarden Gehirnzellen. Und in deinem Körper wohnen Billionen von Bakterien. Aber wie viel ist das nun eigentlich? Die nachfolgende Liste übersetzt die Zahlen in Zeit, damit du einen Eindruck bekommst, was all diese Millionen, Milliarden und Billionen bedeuten.

Zahl	In Sekunden	Zeit	Wie weit ist das?
Tausend	1000	16 Minuten 40 Sekunden	1,4 Kilometer (vier Runden um den Fussballplatz)
Zehntausend	10.000	2 Stunden 46 Minuten 40 Sekunden	14 Kilometer (die Länge der Insel Norderney)
Hunderttausend	100.000	1 Tag 3 Stunden 47 Minuten	139 Kilometer (die Entfernung von Frankfurt nach Karlsruhe)
1 Million	1.000.000	11 Tage 13 Stunden 47 Minuten	1389 Kilometer (die Entfernung von Hamburg nach Florenz)
1 Milliarde	1.000.000.000	31 Jahre 8 Monate	1.388.889 Kilometer (4 x die Entfernung zwischen dem Mond und der Erde)
1 Billion	1.000.000.000.000	31.710 Jahre	1.388.888.889 Kilometer (die Entfernung zwischen Saturn und der Sonne)
1 Billiarde	1.000.000.000.000.000	31.710.000 Jahre	1.388.888.888.889 Kilometer (1/30 der Entfernung zum Stern Alpha Centauri, der unserer Sonne am nächsten liegt)
1 Trillion	1.000.0 000 00.000.00 0.000	… ist furchtbar lang …	Etwas mit 16 Ziffern (ungefähr die Entfernung zum hellsten Stern des Großen Bären und zurück)

— TEIL 1 —

WUNDER, RÄTSEL, MYSTERIEN UND DU

WARUM SOLLTEN WIR DEM PANTOFFEL-TIERCHEN BEIFALL KLATSCHEN?

Bitte einen kurzen Applaus für das Pantoffeltierchen! Für wen? Das Pantoffeltierchen, ein Tier, das noch kleiner ist als der Punkt auf diesem i. *Aber wofür sollen wir denn klatschen? Warum ist dieses Tierchen denn so etwas Besonderes?* Dieses kleine Lebewesen hat einen donnernden Applaus verdient, einfach, weil es lebt. Das ist eine größere Leistung, als du denkst. Ich werde dir erzählen, warum.

Der dänische Professor Henrik Scharfe hat sich selbst als Roboter nachgebaut. Wenn der Professor und sein Roboter zusammen sind, muss man zweimal hinschauen, bevor man weiß, wer Mensch ist und wer Maschine. Zurzeit kann der Roboter übrigens noch gar nicht so viel. Nicht einmal sprechen. Trotzdem verspeise ich einen ganzen Sack Kaninchenfutter, wenn es in ferner Zukunft nicht irgendwann einen Roboter geben wird, der einem Menschen absolut ähnlich sieht, intelligente Antworten auf deine Fragen gibt und sogar mit dir Fußball spielen kann. Ich glaube, dass wir schon in dreißig Jahren so klug sein werden, dass wir einen solchen Roboter bauen können. Aber ein Pantoffeltierchen bauen? Das ist tausendmal schwieriger.

Das kleine Pantoffeltierchen kann nur ganz wenig. Mit winzigen Wimpern kann es ein bisschen Brustschwimmen. Es kann trübes Schmutzwasser aus einem Graben trinken und die Bakterien fressen, die sich darin befinden. Es kann dieses Wasser wieder auspinkeln – na ja, es ist eher eine Art Schwitzen. Es kann mit einem anderen Pantoffeltierchen Sex haben. Es kann sich teilen, sodass es plötzlich zwei Pantoffeltierchen gibt. Und sonst kann es, äh … fast nichts.

Was kann ein Pantoffeltierchen, das der intelligenteste Roboter nicht kann?

Das Pantoffeltierchen kann vielleicht weniger als der Roboter von Professor Scharfe, aber es kann etwas, das eine Maschine nie können wird: sterben. Natürlich kann ein Roboter kaputtgehen, aber das ist etwas anderes. Etwas Kaputtes kann man oft noch reparieren. Etwas Totes kann man nicht mehr zum Leben erwecken. Leben ist etwas Besonderes, auch wenn mittlerweile Trillionen von Wesen auf der Erde gelebt haben.

Das Pantoffeltierchen lebt und der Roboter nicht, das ist der größte Unterschied. Aber es gibt auch Gemeinsamkeiten. Eine Gemeinsamkeit ist, dass beide aus totem Material entstanden sind. Alles, was man sieht – und alles, was man nicht sieht –, ist aus Atomen und Molekülen aufgebaut. Das sind sehr kleine Bausteine, aus denen alles im Weltall gemacht ist. Von Pantoffeltierchen bis zu Bäumen, Sternen, Planeten, Kaninchenfuttersäcken, Onkel Henk, Salatgurken, den Stinkesocken von Jan Groß aus Diez, Wolken, Sahnetorten und Robotern. Ja, sogar Lady Gaga besteht aus Atomen. Und die Atome sind alle ganz tot. So tot wie ein Backstein, ein Haufen Lehm oder ein Legostein. Wie kann aus all diesen toten Atomen dann doch noch Leben entstehen? Wie ist das Leben auf der Erde entstanden? Woher kommen die Pantoffeltierchen? Woher kommen wir Menschen? Ist im Weltall noch mehr Leben möglich? Das alles kannst du in diesem Buch nachlesen.

EINFACHE ZELLEN?

Das Pantoffeltierchen ist ein ganz einfaches Wesen. Es besteht nur aus einer einzigen Zelle. Denn so wie alles um dich herum aus Atomen gemacht ist, ist alles, was lebt, aus Zellen aufgebaut. Und diese Zellen sind natürlich wieder aus Atomen gemacht. Bloß sind die Atome mausetot, während es in den Zellen vor Leben nur so brodelt. Das merkt man, wenn man sie genauer studiert: Unter dem Mikroskop sieht man alles Mögliche darin wimmeln und wirbeln. Wenn du dich ganz klein machen könntest, um in eine Zelle zu passen, wolltest du bestimmt gleich wieder heraus. Dort drinnen fändest du dich zwischen so etwas wie viel befahrenen Schnellstraßen, Wildwasserbahnen, Tornados und Schneeballschlachten wieder.

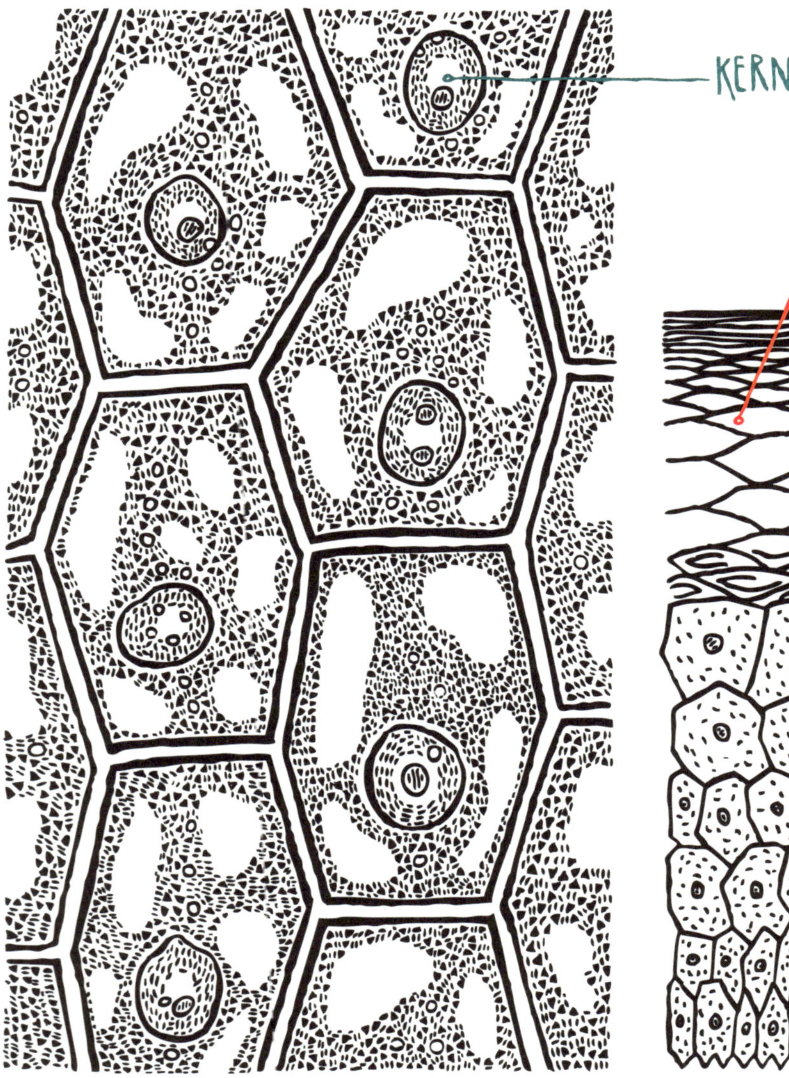

PFLANZENzellen

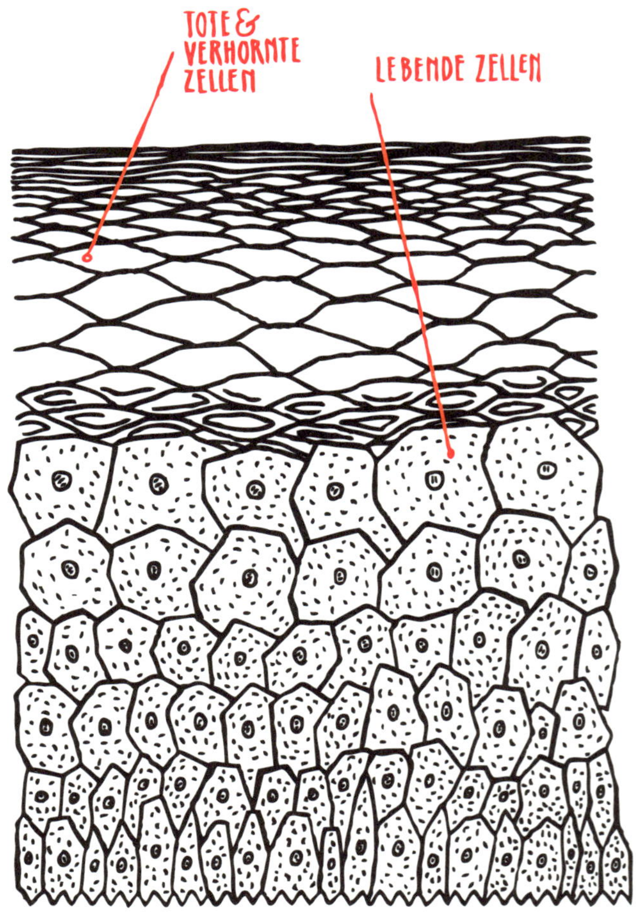

HAUT DES MENSCHEN

AUS WIE VIELEN ZELLEN BESTEHST DU?

Eine Zelle besteht aus mehr Einzelteilen als zwanzig Roboter von Professor Scharfe zusammen. Trotzdem ist eine Zelle so klein, dass du sie mit bloßem Auge nicht erkennen kannst. Lebewesen, die wir gut sehen können, bestehen demnach aus viel mehr als nur einer Zelle. Wie vielen? Nehmen wir dich mal als Beispiel. Du bestehst aus etwa, äh, mal kurz rechnen … zwei, drei, fünf, acht, neun, nein … ja … zehntausend Billionen Zellen. Zehntausend Billionen! Und die brauchst du allesamt ganz dringend.

Während du zum Beispiel diesen einen Satz liest, kommen ungefähr zehn Millionen rote Blutkörperchen in deinem Körper hinzu. Die sind wie kleine Lieferwagen, die Sauerstoff in jeden Winkel deines Körpers bringen. Ohne diesen Sauerstoff würden andere Zellen in deinem Körper absterben. Und dann gibt es noch Aberbillionen Darmzellen. Zusammen bringen die es auf eine Oberfläche in Tennisplatzgröße. Sie sorgen dafür, dass die Nährstoffe aus deiner Nahrung aufgenommen und ans Blut weitergegeben werden. Denn ohne die Energie aus der Nahrung würdest du sterben. Oder was hältst du von den Zellen, die gemeinsam dein Herz bilden? Dein Herz ist ein Muskel, der nie müde wird. Es schlägt jede Sekunde, jede Minute, jeden Tag, jahrein, jahraus, ohne Unterbrechung, um Blut durch Adern zu pumpen, die aneinandergereiht zweimal um die Erde reichen würden.

Zellen leben. Deswegen können sie auch sterben. Zum Glück hast du auch wieder Zellen, die tote Zellen aufräumen und entsorgen. Wenn du dein Zimmer eine Weile nicht abstaubst und dann sauber machst, kannst du einen Teil dieser toten Zellen sehen. Der Staub bei dir zu Hause besteht zum großen Teil aus abgestorbenen Hautzellen. Pro Minute verlierst du etwa 30 000 davon. Vier Kilo pro Jahr. Darum sind all deine Hautzellen innerhalb weniger Wochen schon wieder durch neue ersetzt.

WAS PASSIERT ALLES IN DEINEM KÖRPER, DAMIT DU GESUND BLEIBST?

In deinem Körper ist also ganz schön was los. Ich habe nur ein paar Dinge genannt, aber in Wirklichkeit sind es ein paar Millionen. Pro Sekunde! All diese Vorgänge in deinem Körper werden von deinem Gehirn gesteuert. Das Gehirn besteht aus etwa hundert Milliarden Zellen, das sind ungefähr so viele wie Sterne im Milchstraßensystem. Die machen deinen Kopf zu einem Supercomputer, mit dem du Sachen machen kannst, die auch alle Computer der Welt zusammen nicht könnten. Wie ein Kontrollturm auf einem Flugplatz regeln die Gehirnzellen, dass alle anderen Zellen in deinem Körper tun, was sie tun sollen. Das sind die wichtigsten und kompliziertesten Zellen, die du hast.

Wird dir schon schwindelig? Soll es auch! Du brauchst dir diese Zahlen aber nicht zu merken. Du brauchst sie nicht einmal zu begreifen. Ich nenne sie nur, damit dir klar wird, wie ungeheuer kompliziert du gebaut bist. Denn diese Zellen mögen an sich ja schon besonders sein, aber erst gemeinsam in deinem Körper kommen sie richtig zur Geltung. Weil sie dich ausmachen: ein denkendes, sich bewegendes, redendes, lesendes, lachendes Wunder.

Weißt du was? Wenn du schon dem Pantoffeltierchen Beifall gespendet hast, darfst du dir jetzt auch selbst applaudieren. Nur zu!

WINZIGE WUNDER

Du bist ein Wunder, das Pantoffeltierchen ist ein Wunder und die Socken von Jan Groß aus Diez sind ein Wunder – na ja, nicht die Socken selbst, sondern die Bakterien, die darin leben. Denn *alles*, was lebt, ist ein Wunder. Denk mal nach. Kannst du aus etwas Totem etwas Lebendiges machen? Kannst du zum Beispiel eine lebende Pflanze aus Legosteinen machen? Natürlich nicht.

Atome sind genauso mausetot wie Legosteine und trotzdem wimmelt es schon seit Millionen von Jahren auf unserem Planeten von Leben, das aus diesen leblosen Atomen aufgebaut ist. Das ist doch ein Wunder? Es kommt noch verrückter. Du glaubst vielleicht, ich hätte dieses Buch ganz allein geschrieben. Das stimmt nur zur Hälfte. Ich habe nämlich rund anderthalb Kilo Bakterien in meinem Körper, ohne die das Buch nie erschienen wäre ... Denn wenn diese kleinen Wesen nicht dort wären, würde ich sehr schnell sterben. Die Bakterien helfen dem Darm beim Verdauen der Ballaststoffe; was übrig bleibt, muss raus aus dem Körper. Sie sind also sehr nützlich. Deswegen hast auch du sehr viele davon. Allein auf deiner Nasenspitze sitzen etwa zehn Millionen. Auch auf der Spitze deines großen Zehs, genau wie auf jedem anderen Quadratzentimeter deiner Haut. Aber die meisten findest du *in* deinem Körper.

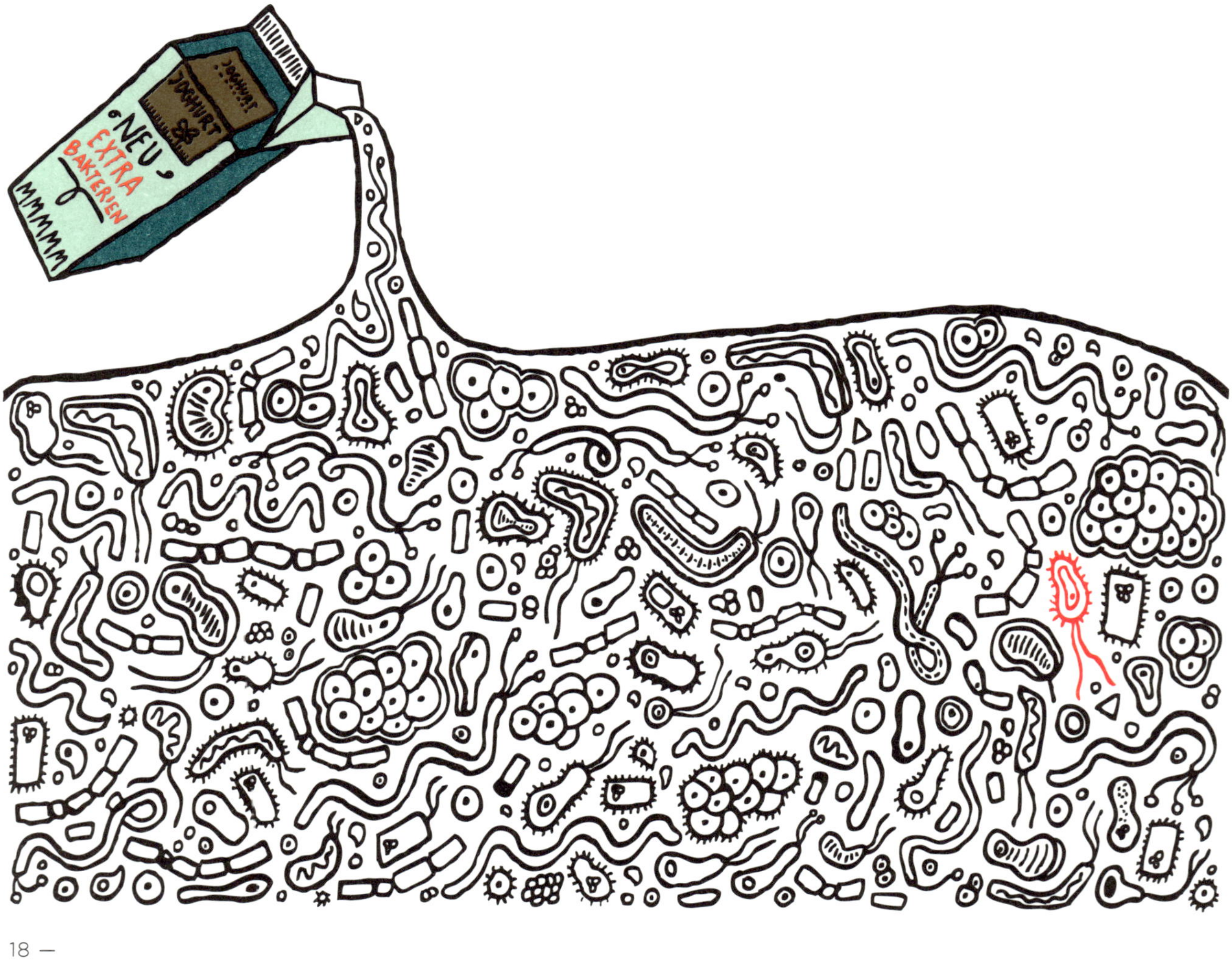

WIE SIEHT EIN BAKTERIUM AUS?

Diese Bakterien sind mehr oder weniger seit deiner Geburt da. Im Bauch deiner Mutter hattest du sie noch nicht, aber bei der Geburt und beim Stillen kamen sie in deinen Körper. Dort bildeten sie schon bald eine stattliche Kolonie und seither hast du diese winzigen Mitbewohner. Immer in genau der richtigen Menge, es sei denn, du bist krank. Du bist also nie allein.

Das Pantoffeltierchen ist ja schon klein, aber Bakterien sind noch ein Stück kleiner. Nicht umsonst stehen sie auf der Speisekarte des Pantoffeltierchens. Es gibt sie in allerlei Formen: rund, spiralförmig, als Stäbchen, in Form eines Kommas oder von Weintrauben und mit oder ohne Schwänzchen. Dieses Schwänzchen nennen wir »Flagellum« oder Geißel, Bakterien können es etwa hunderttausend Mal pro Minute drehen. Die Geißel ist eine Art Motor, mit dem sie sich fortbewegen. Sie ist jedoch viel komplizierter zusammengesetzt als ein von Menschen gebauter Motor. Also sind auch solche winzig kleinen Wesen klüger gebaut als alles, was die genialsten Techniktüftler entwickeln können.

WIE SCHMECKT EIN BAKTERIUM?

Bakterien kommen überall vor, und das schon seit Beginn des Lebens auf unserem Planeten. Sie sind die erfolgreichsten Lebewesen. Wo man hinschaut, sitzen sie. Man sieht sie bloß nicht, höchstens, wenn Milliarden von ihnen auf einem Haufen sitzen. Aber man kann sie schmecken: Sie sind in großen Mengen in Sauerkraut, Joghurt und in verdorbener Milch vorhanden und für den säuerlichen Geschmack verantwortlich. Bakterien kommen so häufig vor, dass es schwierig ist, ihnen *nicht* zu begegnen.

Gute Bakterien halten dich am Leben, aber die falschen Bakterien in deinem Körper können tödlich sein. Darum müssen Operationssäle sorgfältig geputzt werden und Ärzte müssen spezielle bakterienfreie bzw. keimfreie Kleidung tragen. Wenn sie in dieser Kleidung in der Kantine ein Brötchen essen würden, wären sie sofort von Bakterien und anderen Mikroorganismen befallen und müssten sich umziehen. Bei der geringsten Schlamperei in einem Operationssaal können Bakterien in den Raum eindringen und innerhalb weniger Minuten tummeln sich dort dann mehr Bakterien, als es Buchstaben in diesem Buch gibt. Bakterien sind so widerstandsfähig, dass es fast unmöglich ist, sie langfristig auszuschalten. Es gibt sogar Bakterien, die einen Weltraumflug, der länger als ein Jahr dauert, an der Außenwand einer Rakete überleben können.

APPLAUS FÜR EIN BAKTERIUM?

Also darum so viel Aufmerksamkeit für diese winzigen Wesen. Es sind die einfachsten Lebensformen auf der Erde. Sie sind der Grenze zwischen Leben und Nichtleben am nächsten. Gleichzeitig gehören sie auch zu den ältesten Lebensformen. Sie kommen in den tiefsten Meeren und auf den höchsten Bergen vor, in den kältesten Polargebieten und den heißesten Wüsten, in den giftigsten Seen und tödlichsten Vulkangebieten. Schon ein einziger Löffel Erde enthält mehr Bakterien, als es Menschen auf unserem Planeten gibt. Bakterien sind also etwas Besonderes. Und noch wichtiger: Ohne sie würde es alles andere Leben auf der Erde, das wir heute kennen, nicht geben.

Was sagst du? Applaus? Für die Bakterien? Bist du verrückt? Wer wird denn einem Bakterium Beifall klatschen?

DAS SCHWARZE MONSTER UND DER TOD

Bakterien gibt es also in allen Sorten und Größen, sogar leuchtende! Manche Raubfische im Meer können ohne sie nicht existieren, zum Beispiel Tiefsee-Anglerfische. Das sind schaurig aussehende Fische. Die Weibchen haben einen Stachel oben auf dem Rücken, an dessen Ende ein Beutel mit leuchtenden Bakterien hängt, wie eine schaukelnde Laterne. Im hellen und flachen Wasser hat man nichts davon, aber diese Tiere leben so tief unten im Meer, dass kein Sonnenstrahl durchdringt. Dort ist es dunkler als in einer verlassenen Steinkohlemine während einer mondlosen Nacht. Aber diese Lichtchen sieht man tatsächlich! Die Anglerfischweibchen schwenken sie daher auch munter hin und her. So locken sie allerlei neugierige Fischlein an. Die werden jedoch nie erfahren, was das für eine Lampe ist. Denn sobald sie den Anglerfischen vor die Mundöffnung kommen, saugen diese sie mit einer höllischen Geschwindigkeit direkt in den Magen. Schlimm? Ja. Aber das ist das Schicksal von Beutetieren (so heißen die Tiere, die von anderen gefressen werden).

WAS IST SCHLIMMER ALS STERBEN?

Stell dir mal vor, was passierte, wenn kein einziger Fisch sterben würde. Das wäre erst richtig schlimm! Ein Fisch legt gut hundert Eier pro Jahr, aus denen hundert Fische schlüpfen. Wenn diese hundert Fische dann Junge bekommen, sind das hundert mal hundert: zehntausend. Wenn die wieder Junge bekommen, sind es eine Million. Innerhalb von nur drei Jahren! Ein Jahr später sind es hundert Millionen. Wieder ein Jahr später sind es zehn Milliarden und noch ein Jahr später ... äh ... noch viel mehr. Innerhalb von zehn Jahren wären so viele Fische auf die Welt gekommen, dass der gesamte Planet mit einer meterdicken Schicht aus Fisch und Fischeiern bedeckt wäre. Das geht natürlich nicht.

Darum ist es gut, dass Tiere irgendwann sterben. Manchmal geschieht das, weil sie alt sind, wie bei Menschen. Aber Fische haben keine Rollatoren, dritten Zähne und Seniorenheime. Deswegen ist der Tod durch ein Raubtier vielleicht besser als ein jämmerliches Leben. Wenn man das so betrachtet, ist die Natur wirklich perfekt organisiert: Pantoffeltierchen fressen Bakterien, junge und kleine Fische fressen Pantoffeltierchen, Raubfische fressen kleine Fische und so weiter. So halten sich die Tiere gegenseitig in Schach und nie wird es für lange Zeit zu viele Tiere einer bestimmten Art geben. Das funktioniert schon seit Hunderten von Millionen Jahren. Und wenn die Natur anders gestrickt wäre, gäbe es dich und mich nicht. Man könnte fast rufen: »Es lebe die Natur!«

WAS FUNKTIONIERT BESSER ALS DIE NATUR?

Nicht einmal die klügsten Köpfe der Welt könnten sich etwas ausdenken, was so gut funktioniert wie die Natur. Noch deutlicher: Sobald Menschen sich um Tiere und Pflanzen kümmern, geht erst recht alles drunter und drüber. In Gärten, Tierparks und Aquarien schuften die Mitarbeiter jeden Tag, damit alles gesund und lebendig bleibt: Tiere müssen gefüttert werden, Pflanzen brauchen Wasser, Wildkräuter müssen gejätet werden und so weiter. In (Ur-) Wäldern und Ozeanen geht das alles ganz von selbst. Tagein, tagaus. Das ganze Jahr durch. Dass die Natur so gut funktioniert, ist eigentlich auch wieder ein Wunder!

UND DANN NOCH EIN WUNDER

Noch ein letztes Wunder, dann legen wir aber wirklich los! Dieses Wunder sind wir alle. Du, ich, Jan Groß aus Diez und jeder, der irgendwann einmal geboren wurde. Aber lass uns erst über dich sprechen. Wie alt bist du? Egal, wie alt du bist, eigentlich musst du noch einmal Dutzende von Jahren hinzuzählen. Denn einen winzigen Teil von dir gab es schon, bevor deine Mutter in der Wiege lag! Du stammst nämlich von einer Eizelle deiner Mutter ab. Und diese Zelle war schon einige Wochen vor *ihrer* Geburt in ihrem Körper. Etwa neun Monate vor deiner Geburt wurde diese Zelle von einer Samenzelle deines Vaters befruchtet. Ab dem Moment gab es dich offiziell – auch wenn du noch nicht mehr als eine einzige Zelle warst.

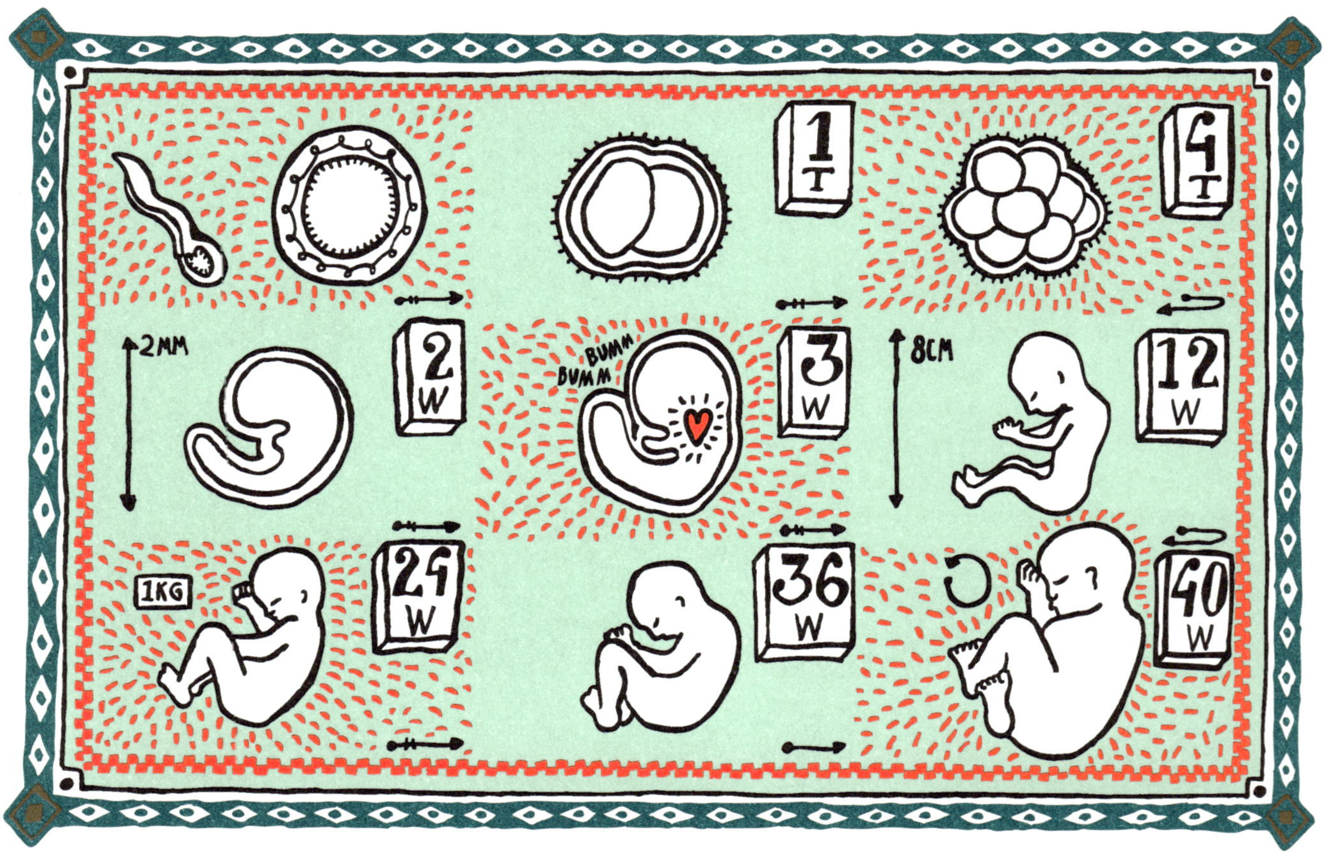

WIE BIST DU ENTSTANDEN?

Aber danach ist es passiert. Die Zelle teilte sich. Und wieder. Und noch einmal. Aus zwei Zellen wurden vier, acht, sechzehn, zweiunddreißig und so fort. Das ging tagelang so weiter. Du warst ein mikroskopisch kleines »Hackbällchen« aus sich teilenden Zellen. Nach ungefähr vierzehn Tagen passierte wiederum etwas Besonderes: Die Zellen verdoppelten sich nicht mehr einfach so, sie schienen einen bestimmten Plan zu verfolgen. Aus manchen Zellen entstand dein Herz, andere wurden Gehirn und wieder andere Knochen. Aus dem kaum sichtbaren Zellhaufen schien einfach so ein Mensch zu entstehen, mit Vorder- und Rückseite, Oben und Unten.

Nach drei Wochen warst du kaum so groß wie ein Reiskorn. Trotzdem hattest du schon einen neuen Meilenstein erreicht: Dein Herz schlug zum ersten Mal! Und wenn alles klappt, wird es das noch mindestens 800 Millionen Mal tun. Wieder eine Woche später entstanden ganz vorsichtig die ersten Stümpfe, aus denen später Arme und Beine werden sollten. Allmählich wuchs auch der Rest. Als du zwölf Wochen alt warst, sahst du schon fast aus wie ein echtes Baby, aber du warst noch viel zu klein, um außerhalb der Gebärmutter deiner Mutter zu überleben. Vor allem dein Gehirn musste noch wachsen. In dieser Zeit bekamst du pro Sekunde etwa 8000 Gehirnzellen hinzu. Als du geboren wurdest, hattest du also schon eine ganze Menge Gehirn, weswegen dein Kopf im Verhältnis zum Rest deines Körpers so groß war.

WER HAT DIE NATUR SO PERFEKT GESTALTET?

Nach ungefähr neun Monaten war es so weit: Du wurdest geboren. Du warst fertig. Bereit. Perfekt. Aus der einen einzigen Zelle war ein kleiner Mensch entstanden. Aber woher wussten die Zellen, dass sie sich verdoppeln sollten? Wie wussten einige Zellen, dass sie Herz, Lunge, rechter Nasenflügel oder linker kleiner Finger werden sollten? Das ist doch ein regelrechtes Wunder! Und was für dich gilt, gilt für alles, was lebt. Woher kommt es, dass alle Tiere und Pflanzen einfach so entstehen? Wer hat die Natur so perfekt gestaltet?

Jedes Volk auf der Welt hat sich diese Frage gestellt. Und jedes Volk kam auf dieselbe Antwort: Das musste ein Gott sich ausgedacht und gemacht haben. So dachten zum Beispiel die Ägypter, der Gott Ptah habe das alles geschaffen. Er hätte sich überlegt, welche Wesen es auf der Erde so geben sollte, und diese Namen dann laut ausgesprochen. Und sobald er sie laut genannt hatte, existierten diese Wesen. Die Mayas glaubten, dass alles Leben auf der Erde von den Göttern Tepeu und Gucumatz gemacht worden sei. Die hätten sich alle Tiere und Pflanzen ausgedacht und wären schließlich der Ansicht gewesen, sie hätten es gut gemacht. Die beiden Götter wollten dafür eigentlich auch ein wenig Wertschätzung. Darum schufen sie die Menschen, die die Götter und ihre Schöpfung ehren konnten. Im christlichen, jüdischen und islamischen Glauben gibt es nur einen Gott, der alles in sechs Tagen geschaffen hat. Auch dabei kamen die Menschen zuletzt: Adam und Eva. Und so gibt es noch viele, viele andere Schöpfungsgeschichten.

WER KANN BEWEISEN, WIE DAS LEBEN ENTSTANDEN IST?

Früher gab es nur wenige Menschen auf der Erde, die daran zweifelten, dass alle lebenden Tiere, Bäume und Pflanzen von Göttern geschaffen wurden. Dennoch waren sich all diese Völker mit ihren unterschiedlichen Religionen und Schöpfungsgeschichten offensichtlich nicht einig. Die Geschichten waren sehr verschieden. Und das ist noch immer so. Frage Menschen unterschiedlichen Glaubens, wie das Leben auf der Erde entstanden ist, und du wirst viele verschiedene Antworten bekommen.

Aber wer hat denn nun eigentlich recht? Keine einzige Religion kann ihre Schöpfungsgeschichte beweisen. Darum haben die Wissenschaftler angefangen zu untersuchen, wie das mit dem Leben auf der Erde und anderswo eigentlich so ist. Und davon handelt dieses Buch. Wie ist das Leben ihrer Ansicht nach entstanden? Wie sind sie an all ihr Wissen und ihre Informationen gekommen? Und mindestens genauso wichtig: Können die Wissenschaftler *ihre* Erklärungen denn wirklich beweisen?

— TEIL 2 —

WIE ALT IST DIE ERDE?

ZWEI IM SINN, GETEILT DURCH SECHS, MAL DREI … DANN MUSS GOTT SO UM SECHS UHR FERTIG GEWESEN SEIN

Um zu verstehen, *wie* das Leben auf der Erde entstanden ist, ist es ganz praktisch zu wissen, *wann* es entstand. Wie alt ist die Erde eigentlich? Wie alt ist der Weltraum? Oder sind sie gleich alt? Und woher wissen wir das?

Einer der berühmtesten Männer, die je das Alter der Erde berechnet haben, ist der Erzbischof Ussher von Armagh. Er hatte die Bibel sehr gründlich studiert und war nach monatelanger Such-, Denk- und Rechenarbeit zu der Schlussfolgerung gekommen, die Erde sei am 23. Oktober im Jahre 4004 vor Christus von Gott geschaffen worden. Ein anderer Gelehrter, John Lightfood, nannte sogar eine Uhrzeit. Er schätzte Gottes Arbeitstempo und tippte darauf, dass er etwa gegen sechs Uhr abends fertig gewesen sein musste. Am Abend hätte Gott schon wieder gemütlich auf dem Sofa liegen können, Füße hoch und die Zeitung in der Hand – jedenfalls, wenn es die schon gegeben hätte.

VIERTAUSEND ODER VIER MILLIARDEN JAHRE VOR CHRISTUS?

Ussher beschrieb seine Ergebnisse 1650 und damit war er nicht der Einzige. Mehrere seiner Zeitgenossen stellten ähnliche Berechnungen an; Isaac Newton zum Beispiel, einer der größten Wissenschaftler, die je gelebt haben. Er berechnete das Alter der Erde auf ähnliche Weise. Alle Gelehrten nannten zwar unterschiedliche Zeitpunkte, aber sie lagen doch ziemlich nahe beieinander. Das musste auch so sein, denn jeder von ihnen nutzte die Bibel als Quelle. Fast ganz Europa war zu dieser Zeit christlich, also nahmen alle an, die Erde müsse so etwa 6000 Jahre alt sein.

Es gibt noch immer Christen, die denken, die Erde sei so »jung«. Die meisten anderen Religionen hingegen gehen davon aus, dass die Erde viel älter ist. Dem traditionellen chinesischen Glauben zufolge beträgt das Alter der Erde 23 Millionen Jahre. Und die Hindus denken, die Erde und das gesamte Universum müssten vier Milliarden Jahre alt sein. Viele verschiedene Meinungen also. Und was sagen die Wissenschaftler? Nun, die wussten es anfangs auch nicht. Außerdem ... wie kann man diese Frage beantworten? Der schottische Naturforscher James Hutton war der Erste, der einen guten Versuch startete, indem er sehr genau hinschaute und scharf nachdachte.

WAS MACHEN MUSCHELN AUF EINEM BERGGIPFEL?

Wenn man hoch in den Bergen unterwegs ist, kann man auf den Gipfeln etwas entdecken, was man dort nicht unbedingt erwarten würde: Muscheln. Und nicht nur ein paar, sondern Milliarden. Egal, in welchem Teil der Welt man sich aufhält, sie sind überall. Aber wie sind sie dorthin gekommen? Viele Menschen fanden dieselbe Antwort: Irgendwann muss es eine Sintflut gegeben haben. Eine gigantische Überschwemmung, die dafür gesorgt hat, dass das Meer bis zu den Berggipfeln reichte. Darüber gibt es dann auch wieder jede Menge Geschichten – die von der Arche Noah ist die bekannteste. Aber Hutton glaubte nicht an diese Geschichten. Er überlegte sich eine andere Erklärung.

Hutton bemerkte, dass Berge eigentlich immer nur kleiner werden können. Felsblöcke fallen immer nur hinunter und nicht hinauf. Und Sand und Steinchen werden mit den Flüssen nach unten geschwemmt, nicht nach oben. Dennoch ist die Erde nicht immer flacher geworden. Die Berge mussten also irgendwie hochkommen. Aber wie?

Hutton sah an der Form mancher Steine, dass sie einst geschmolzen gewesen waren. Er glaubte, die Erde müsse innen so dickflüssig sein wie Erbsensuppe. Die harte Erdkruste an der Außenseite der Erde hätte sich auf dieser flüssigen Schicht leicht bewegen können und dabei hätten manche Teile der Erde absinken können, während andere aufstiegen. Und so könnten beim Aufeinanderprallen zweier Teile der Erdkruste Berge entstanden sein – wie eine Welle entsteht, wenn zwei Wasserströme aufeinandertreffen, aber natürlich *viel* langsamer. Hutton konnte seine Ideen damals noch nicht überprüfen, aber heutige Wissenschaftler können das sehr wohl. Und es sieht so aus, als habe der schottische Naturforscher vollkommen recht gehabt: Einst waren die Gipfel der Alpen und des Himalaja Meeresböden voller Muscheln.

Nun kann man stundenlang auf einen Berg starren, sogar monatelang, aber man wird ihn nicht aufsteigen sehen. Berge werden ungeheuer langsam nach oben geschoben. Das war Hutton auch bewusst. Sogar die am schnellsten wachsenden Berge steigen nur wenige Millimeter pro Jahr. Um einen Meeresboden in einen kilometerhohen Berg zu verwandeln, braucht es daher auch Tausende, vielleicht Millionen von Jahren. Daher schloss Hutton, dass die Erde steinalt sein musste. Aber wie alt genau?

WOHER WEISS MAN, WIE ALT EIN STEIN IST?

Schon viele Menschen haben Sterne, Tiere, Pflanzen oder chemische Stoffe studiert, aber Steine? Bevor James Hutton mit seinen Ideen kam, war das viel zu langweilig, als dass man damit seine Zeit hätte vergeuden wollen. Ein paar schöne Mineralien anzuschauen machte Spaß, aber es war etwas ganz anderes, tagein, tagaus Gesteinsschichten zu betrachten. Das änderte sich dank Hutton. Durch ihn wurde das Studium von Gesteinsschichten und Steinen erst richtig spannend. Jetzt gab es sogar einen Namen für diese Wissenschaft: Geologie.

Die Geologen machten eine Entdeckung nach der anderen. So überlegten sie sich, wie man verschiedene Gesteinsschichten einteilen konnte, um zu sehen, aus welcher Zeit sie stammten. Das taten sie mithilfe von Fossilien und der Erkenntnisse der Paläontologen, die sie untersuchten. Überall im Boden kann man Reste von Tieren finden, die vor langer Zeit lebten, mittlerweile aber ausgestorben sind. Und das sind mehr, als du denkst! Denn obwohl es heute so viele Tier- und Pflanzenarten gibt, sind doch ungefähr 99,9 Prozent aller Arten, die es je gab, schon wieder ausgestorben.

WIE ALT IST DIE ERDE DENN JETZT WIRKLICH?

Es gibt also genügend Fossilien aus verschiedenen Perioden. Und wenn zwei Böden dieselben Fossilien aufweisen, müssen sie ungefähr gleich alt sein. Außerdem weiß man, dass die ältesten Schichten in der Regel am tiefsten im Boden liegen. Schaut man nun nach der Art der Fossilien und des Gesteins, kann man einschätzen, wie alt eine Gesteinsschicht sein muss. So konnten die Geologen die Geschichte der Erde anhand verschiedener Gesteinsschichten einteilen. Das Karbon ist beispielsweise ein solches Zeitalter. In dieser Zeit wurden Gesteinsschichten mit Kohle gebildet. Ein weiteres Zeitalter ist der Jura; aus dieser Zeit stammt der Kalkstein, den man im mittleren und südlichen Deutschland, zum Beispiel auf der Schwäbischen Alb, findet. Und weil eine Gesteinsschicht nicht von heute auf morgen entsteht, konnten die Wissenschaftler feststellen, dass die Erde Hunderte von Millionen Jahren alt sein musste. Aber es gab noch immer keine Antwort auf die eine wichtige Frage: Wie alt ist die Erde denn nun *wirklich*?

KÖNNEN STEINE VERROTTEN ODER VERDERBEN?

Es dauerte noch bis 1956, bevor man eine einigermaßen genaue Schätzung des Erdalters abgeben konnte. Diese Schätzung erfolgte noch immer anhand von Steinen und Mineralien, zugleich aber auch mithilfe einer ganz anderen Technik …

Schlage ein Ei auf, lege es unter dein Bett und warte ein paar Tage. Du wirst sehen (und vor allem riechen), dass die Zeit auf bestimmte Gegenstände Einfluss hat. Das Ei verdirbt und zerfällt. So ergeht es letztlich allem, was lebt. Aber wie ist das mit Dingen, die nicht leben, wie mit Steinen?

Steine verrotten und verschimmeln nicht. Sie verändern sich erst nach Hunderttausenden oder Millionen von Jahren. Aber sie *verändern* sich schon. Steine sind wie alles, was existiert, aus Atomen aufgebaut. Und wenn man lange genug wartet, verändert sich

schließlich fast jedes Atom. Bestimmte Teilchen verschwinden daraus – das Atom »zerfällt«. Eine Gesteinsschicht besteht oft aus verschiedenen Stoffen. So kann man in Gesteinsschichten zum Beispiel Gold, Silber oder Kupfer finden. Das sind Elemente. Und die Atome in verschiedenen Elementen zerfallen nicht gleich schnell. Manche brauchen dafür ein paar Jahre, andere Tausende von Jahren.

WIE FAND MAN DEN NACHWEIS FÜR DAS ALTER DER ERDE?

Wissenschaftler haben genau berechnet, wie lange es dauert, bis die Hälfte der Atome in jedem Element zerfallen ist. Sie nennen das Halbwertszeit. Bei Iod sind die Atome zum Beispiel nach acht Tagen zerfallen. Aber bei Plutonium dauert das etwa 24 400 Jahre. Und bei Uran sogar 704 Millionen Jahre. Findet man einen Stein mit Uran, bei dem die Atome zur Hälfte zerfallen sind, wird er also gut 700 Millionen Jahre alt sein.

Nach dieser Entdeckung wurde die Geologie noch beliebter als zuvor. Große Gruppen von Geologen machten sich auf die Suche nach den ältesten Elementen. Schließlich fanden sie Elemente, die etwa 4,6 Milliarden Jahre alt waren. Mindestens so alt muss die Erde also sein. Bleibt nur noch die Frage, wie alt das Weltall ist.

WIE ALT IST DAS WELTALL?

Wie um Himmels willen soll man das Alter des Weltalls berechnen? Ohne den Astronomen Edwin Hubble hätten wir das nie erfahren. Denn er machte eine wichtige Entdeckung, die unser Weltall oder Universum betrifft. Er sah, dass es aus unzähligen Sternensystemen bestehen musste. Das war an sich schon etwas Besonderes, aber er entdeckte auch, dass sich all diese Sternensysteme voneinander wegbewegten. Stell dir die Sternensysteme wie kleine Punkte auf einem leeren Ballon vor. Wenn du den Ballon aufbläst, geraten die Punkte immer weiter auseinander. So funktioniert das auch mit den Sternensystemen.

WIE LÄSST SICH AUSRECHNEN, WIE ALT DAS WELTALL IST?

Angenommen, du machst einen Film vom Weltall, das immer größer und leerer wird, und du lässt diesen Film rückwärts laufen. Was passiert dann? Die Sternensysteme kommen immer dichter zueinander. Das Weltall wird kleiner und kleiner. Und kleiner. Und kleiner. So lange, bis die unglaublich große Menge von Sternen, Monden und Planeten zu einem winzig kleinen Punkt zusammengepresst ist, der noch kleiner ist als das Hunderttausendmillionenmilliardste von einem Millimeter. Ist das wirklich so passiert? Viele Astronomen bestätigen das.

Die meisten Astronomen denken, das gigantische Weltall sei aus einem unvorstellbar kleinen Teilchen entstanden, das explodierte. Auf diese Weise sei alles entstanden, was es jetzt im Weltall gibt. Indem man berechnet, mit welcher Geschwindigkeit all diese Sterne auseinanderfliegen, kann man dahinterkommen, wann dieser »Urknall« stattgefunden hat. Nun ja, das ist leicht gesagt. Die Gelehrten sind sich da auch noch nicht ganz sicher. Momentan haben sie sich darauf geeinigt, dass das Weltall 13,8 Milliarden Jahre alt ist. Älter könnte durchaus sein, aber nicht viel jünger. Und das hat wiederum mit der Geschwindigkeit des Lichts zu tun …

WIE SCHNELL REIST EIN SONNENSTRAHL ZUR ERDE?

Du hast doch bestimmt schon einmal bemerkt, dass du bei einem Gewitter den Blitz siehst, bevor du den Donnerschlag hörst. Das liegt daran, dass Licht sich schneller fortbewegt als Donner. Schall legt ungefähr 343 Meter pro Sekunde zurück, die Lichtgeschwindigkeit hingegen beträgt 300 000 Kilometer pro Sekunde! Unvorstellbar schnell! So schnell sogar, dass sich nichts schneller fortbewegen kann als Licht. Aber die Entfernungen im Weltall sind auch groß. Wenn dir jemand vom Mond aus zuwinkt, siehst du das erst eine gute Sekunde später. Denn der Mond befindet sich etwa 385 000 Kilometer von der Erde entfernt. Die Sonne ist sogar so weit von der Erde weg, dass das Licht schon acht Minuten braucht, um unseren Planeten zu erreichen. Wenn irgendein Bösewicht die Sonne zerstören würde, bekämen wir das also erst acht Minuten später mit!

Die anderen Entfernungen im Weltall sind noch viel, viel größer. Das Sternensystem (bestehend aus zwei Sternen), das uns nach der Sonne am nächsten ist, heißt Alpha Centauri. Von dort braucht ein Lichtstrahl schon rund vier Jahre, um die Erde zu erreichen. Darum sprechen wir im Weltall lieber von »Lichtjahren«, um Entfernungen zu bezeichnen. Ein Lichtjahr ist die Entfernung, die ein Lichtstrahl in einem Jahr zurücklegt, gigantisch weit also. Aber sogar das Rechnen in Lichtjahren ist noch nicht ideal. Es gibt Sterne, die so weit von uns entfernt sind, dass uns ihr Licht noch nicht erreicht hat. Und das am weitesten entfernte Sternensystem, das wir je gesehen haben, ist 13 Milliarden Lichtjahre von uns entfernt. So alt muss das Weltall also mindestens sein.

— TEIL 3 —

DIE GESCHICHTE VON ALLEM IN 1507 WORTEN

WIE ENTSTAND DAS UNIVERSUM?

Hast du schon mal gesehen, wie ein Auto zu einem Haufen Schrott in Kartongröße zusammengepresst wird? Stell dir jetzt mal vor, dass ein Mietshaus so zerknüllt wird. Und stell dir dann vor, dass unsere ganze Erde auf Kürbisformat zusammengedrückt wird. Und überlege dir schließlich, wie alle Sterne, alle Planeten, alle Monde und alle Felsbrocken im Universum zu einem Paket zerquetscht werden, das in den Kofferraum eines Autos passt. Und dass dieses Paket schlussendlich wieder zu einem so kleinen Punkt zusammengepresst wird, dass man ihn mit dem besten Mikroskop der Welt nicht sehen kann, nicht einmal, wenn du es auf eine Vergrößerung von einer Trilliarde stellst. Fertig? Dann weißt du jetzt, wie unser Weltall ein Zehnbilliardstel von einer Trillionstel Sekunde nach dem Urknall aussah. – Nun ist es (wahrscheinlich) nicht so, dass das Weltall erst groß war und dann zusammengepresst wurde. Ich wollte nur sagen, dass das Universum mit allem Drum und Dran unvorstellbar klein gewesen ist. Alles, was existiert, ist sozusagen aus dem Nichts entstanden …

Hat es immer schon Atome und Moleküle gegeben?

Diesen allerersten Beginn vor 13,8 Milliarden Jahren kann man sich nur schwer vorstellen. Aber die Experten glauben, dass es so gewesen sein kann. Das Weltall war einst unvorstellbar klein und hatte eine Temperatur von Milliarden Grad. Dann knallte es explosionsartig auseinander und wuchs immer weiter und weiter. Innerhalb weniger Sekunden war das Weltall so ausgedehnt, dass wir uns seine riesige Größe schon nicht mehr vorstellen können!

In dieser ersten Phase war nichts so, wie es jetzt ist. Es war unbeschreiblich heiß und Atome und Moleküle gab es noch nicht. Alles war noch viel zu dicht aufeinander. Die ersten Atome entstanden hundert Sekunden nach dem allerersten Beginn. Übrigens waren sie längst nicht alle auf einmal da. Es dauerte noch 300 000 Jahre, bis es sämtliche Atome gab, aus denen alles geformt ist. Unser Weltall war zu diesem Zeitpunkt schon auf etwa 3000 Grad »abgekühlt« ... Sterne und Planeten gab es noch nicht. Die entstanden erst, als das Weltall vierhundert Millionen Jahre alt war: vor 13,4 Milliarden Jahren.

Wie baut man einen Planeten?

Mit den ersten Sternen begann ein Tanz, der noch immer nicht beendet ist. Sterne entstehen, leuchten auf wie eine Kerze und fallen in sich zusammen. Aber das ist nicht das Ende. Denn viel von dem übrig bleibenden Material ist hochexplosiv. Wenn ein Stern in sich zusammenfällt, knallen die Teilchen so heftig aufeinander, dass sie wieder explodieren, und zwar so schnell und oft, dass zum Schluss der ganze Stern explodiert. Alle Teilchen schießen in den Weltraum, wo sie später erneut mit Teilchen von anderen Sternen verklumpen. Diese Klumpen ziehen sich gegenseitig an und bilden neue Sterne und Planeten. Aber auch diese Sterne explodieren am Ende wieder und formen neue Sterne, sodass der Tanz von vorn beginnt. Vor ungefähr 4,7 Milliarden Jahren schwebte eine solche Wolke aus Gas- und Staubteilchen durch den Weltraum. Die Teilchen zogen einander an. Und so wie Wasser im Abfluss einer Dusche begannen sich die Teilchen zu drehen. Es entstand eine flache, sich drehende Scheibe aus Gasen und Bruchstücken. Das größte befand sich innen; es zog am meisten Gas und Staub an und wurde zum Stern. Drumherum drehten sich ein paar größere Brocken aus Stein und Gas. Die wurden zu Planeten. Diesen Stern und die Planeten kennen wir gut: Es sind die Sonne und Planeten wie Mars, Jupiter und Venus. Und natürlich die Erde. Aber die war damals noch lange nicht der Planet von heute.

Wie ist der Mond entstanden?

Am Anfang war die Erde noch flüssig, aber allmählich stockte die äußerste Schicht. Die Erde wurde ein glühend heißer Ball aus flüssigem Gestein mit einer harten Kruste. Mit der Zeit schien die Erde abzukühlen und zur Ruhe zu kommen. Bis etwas in rasendem Tempo auf sie zustürzte. Was das war? Ein Meteor? Ein gigantischer Weltraumfelsen? Ein Komet? Wenn es das nur gewesen wäre! Nichts Geringeres als ein echter Planet so groß wie der Mars lag auf Kollisionskurs mit der Erde. Ein Entkommen war nicht möglich. Die Folge: ein Wahnsinnsknall, bei dem Brocken von der Größe ganzer Länder und Städte durch den Raum spritzten. Und während die Erde noch nachbebte und langsam wieder zu einer runden Kugel wurde, formten die Bruchstücke zusammen eine neue Kugel. Das wurde unser Mond.

Von da an hatten wir eine Sonne, eine Erde und einen Mond. Hurra! Na ja, am Anfang war nicht gerade viel los auf der Erde. Es lebte nämlich nichts, weil dort nichts leben *konnte*. Sammele alle Abgase aus Autos und Chemiefabriken, sprühe die giftigsten Stoffe auf der Erde in die Luft, lass alle Atomkraftwerke und Atombomben auf der Erde explodieren und du hast noch längst keinen so toten Planeten wie es die Erde damals war. In den ersten Jahren war sie zum Beispiel noch so glühend heiß, dass alles Gestein flüssig blieb. Aber auch als unser Planet abkühlte, war das Leben dort noch kein Vergnügen.

WIE SAH SO EIN TAG AUF DER ERDE GANZ FRÜHER AUS?

Was wäre mit dir geschehen, wenn du vor vier Milliarden Jahren auf der Erde gestanden hättest? Zuallererst wärst du tagsüber sofort verbrannt. Die Erde hatte nämlich noch keine Atmosphäre oder Gashülle, die uns heute vor den Sonnenstrahlen schützt. Sonnenlicht, das ohne diese schützende Luftschicht auf einen Menschen trifft, ist genauso tödlich wie eine Atombombe, die wenige Kilometer von dir entfernt explodiert. Außerdem wurde es tagsüber glühend heiß und nachts kühlte es rasend schnell ab. Es war ganz normal, wenn es frühmorgens minus zwanzig Grad Celsius und mittags vierzig Grad über Null war. Außerdem drehte sich die Erde damals viel schneller als jetzt – ein Tag dauerte somit nur sechs Stunden!

Auch das Atmen war unmöglich auf der Erde. Statt Sauerstoff gab es einen Cocktail aus mörderischen Gasen wie Stickstoff und Ammoniak. Außerdem war die Chance groß, dass einem ein Meteorit auf den Kopf fiel. Zu dieser Zeit fielen sicher eine Million Fels- und Eisbrocken aus dem Weltraum vom Himmel. Gemütlich, was?

WARUM ENTSTAND DAS LEBEN IM MEER?

Aber die Meteoriten, die unsere Erde heimsuchten, sorgten letzten Endes doch für das erste Leben auf der Erde. Mit ihren Einschlägen brachten sie auch riesige Mengen Eis auf unseren Planeten. Dieses Eis schmolz und so entstanden die ersten Meere. Die tödlichen Sonnenstrahlen machten zwar das Leben an Land unmöglich, konnten aber nicht tief ins Wasser eindringen. Im Meer gab es außerdem nicht so viele tödliche Gase. Wasser wärmt sich weniger schnell auf als Land und es kühlt weniger schnell ab, es kam also nicht mehr zu so großen Temperaturschwankungen. Zum ersten Mal konnte überhaupt Leben entstehen und es entstand auch. Aber man kann nicht gerade behaupten, das sei schnell gegangen ...

WIE LANGE DAUERTE ES, BIS LEBEN AUF DER ERDE ENTSTAND?

Eigentlich muss man die Geschichte der Erde in Milliarden Jahren berechnen, aber es ist ein wenig übersichtlicher, wenn wir alles in Millionen Jahren machen. Wir sprechen daher nicht von 4,7 Milliarden, sondern von 4700 Millionen Jahren.

Am Anfang, vor 4700 Millionen Jahren bis vor 3800 Millionen Jahren, lebte noch nichts auf unserem Planeten. Danach eroberten die ersten lebenden Zellen ganz vorsichtig die Erde – wie das vor sich ging, steht in den nächsten Kapiteln. Diese Zellen waren zwar die einfachsten Wesen, die du dir nur vorstellen kannst, aber zumindest lebten sie. In den 2800 Millionen Jahren danach passierte auf den ersten Blick nicht so richtig viel, aber die Zellen wurden immer komplizierter und raffinierter. Denk nur mal an das Pantoffeltierchen und das Bakterium mit seiner Geißel, die wie ein Außenbordmotor funktioniert. Dennoch bedeutete dies, dass die Erde in den ersten rund 3700 Millionen Jahren ausschließlich von Einzellern bewohnt wurde.

UND WIE LANGE GIBT ES DEN MENSCHEN SCHON?

Vor etwa tausend Millionen Jahren wurde die Erde zum ersten Mal von Tieren bewohnt, die aus mehreren Zellen bestanden, zum Beispiel Quallen und Schwämmen. Aber außerhalb des Wassers lebte noch immer nichts, das kam erst vor ungefähr 475 Millionen Jahren. Damals wuchsen die ersten Pflanzen auf dem Land. Das Leben auf der Erde entwickelte sich plötzlich um einiges schneller. Denn vor 400 Millionen Jahren tauchten schon Insekten auf, vor 360 Millionen Jahren erschienen die Amphibien und seit 300 Millionen Jahren leben Reptilien auf der Erde. Die Säugetiere gibt es jetzt seit etwa 200 Millionen Jahren. Und uns Menschen? Uns gibt es erst seit 0,2 Millionen Jahren, oder anders gesagt, seit zweihunderttausend Jahren ...

Wenn du die Geschichte der Erde in einen einzigen Tag quetschen wolltest, entstünden die ersten lebenden Zellen erst um vier Uhr morgens. Danach würde eine ganze Weile nichts passieren und erst nach acht Uhr abends würden die ersten Mehrzeller geboren. Um zehn Uhr abends würden die ersten Landtiere erscheinen. Und der Mensch käme erst ein paar Sekunden vor Mitternacht. Das ist die Geschichte unserer Erde.

WEISST DU JETZT ALLES?

Nein, noch lange nicht. Denn wahrscheinlich hast du jetzt eine ganze Menge Fragen. Zum Beispiel: Wie ist das erste Leben entstanden? Woher kommen immer wieder andere Arten? Warum war nicht alles auf einmal da? Und natürlich: Woher wissen wir das alles? Kein Problem, denn davon handelt der Rest dieses Buchs.

— TEIL 4 —

DIE BESTE WISSENSCHAFTLICHE IDEE ALLER ZEITEN

WAS IST DIE EVOLUTIONSTHEORIE UND WER HAT SIE SICH AUSGEDACHT?

»Das ist lächerlich!«
»So einen Unsinn hab ich ja noch nie gehört!«
»Wie kann jemand, der so viel weiß, so dumm sein?«
»Er hat überhaupt keinen Respekt vor der Bibel.«
»Der Mensch stammt vom Affen ab? Haha, väterlicher- oder mütterlicherseits?«
»Das ist nicht nur strohdumm, sondern auch ein Skandal!«

Das sind nur ein paar der bösen Reaktionen auf ein Buch des Engländers Charles Darwin über die Abstammung aller Tiere, Pflanzen und sonstigen Lebensformen auf der Erde. Die Reaktionen hatten sich gewaschen, aber Darwins Ideen gingen auch ziemlich weit. Charles Darwin wurde 1809 geboren. In dieser Zeit glaubten alle in seiner Umgebung, Gott habe die Erde in sechs Tagen geschaffen. Doch Darwin rückte mit einer ganz anderen Erklärung heraus: Alle Lebensformen auf der Erde haben gemeinsame Vorfahren, schrieb er. Der Mensch und der Affe, aber auch der Mensch und die Azalee, die Gurke, die Stubenfliege und das Bakterium. Alles, was jemals gelebt hat, von der Fruchtfliege bis zum Wal, vom Löwen bis zum Löwenzahn und vom Polarfuchs bis zur Wüstenratte, stammt laut Darwin von einem einzigen Vorfahren ab, der irgendwo vor langer Zeit gelebt hat. Ganz schön verschroben. Aber er hatte recht!

EIN ARZT, DER KEIN BLUT SEHEN KANN?

Mit seinem Buch hat Charles Darwin die Denkweise von Biologen und Wissenschaftlern vollkommen verändert. Er war auch nicht einfach irgendwer. Als Kind hatte er alles gesammelt, was nicht niet- und nagelfest war: Muscheln, Läuse, Münzen, Steine und noch viel mehr. Außerdem las er jede Menge Bücher über Tiere, Pflanzen und Steine. Nach der Schule begann er ein Medizinstudium, aber während seines Studiums entdeckte er, dass er kein Blut sehen konnte, was natürlich etwas unpraktisch ist, wenn man Arzt werden will. Deswegen machte er kaum mehr etwas in seinem Studienfach, sondern hörte lieber Professoren und anderen Gelehrten zu, die Vorlesungen über die Natur hielten. Damit war sein Vater überhaupt nicht einverstanden. Er wollte, dass Charles Theologie studierte, damit er später Pfarrer werden konnte. Das Theologiestudium schloss Charles erfolgreich ab, aber noch bevor er eine Stelle als Pfarrer antreten konnte, bekam er ein ganz besonderes Angebot: Er durfte als Naturforscher mit auf eine Seereise um die Welt.

WOHER KOMMEN DIE VIELEN UNTERSCHIEDLICHEN ARTEN?

Diese Seereise war für Darwin Himmel und Hölle zugleich. Er wurde sofort seekrank – kaum war das Schiff aus dem Hafen ausgelaufen, hing er schon kotzend über der Reling. Aber wenn sie anlegten, konnte er an Land auf Erkundung gehen. Und das machte er ganz ausgezeichnet. Er fand einen reichen Tier- und Pflanzenschatz und entdeckte wunderbare Fossilien ausgestorbener Tierarten. Am meisten faszinierten ihn die Unterschiede innerhalb mancher Tierarten. Auf den Galapagosinseln sah er zum Beispiel auf jeder Insel unterschiedliche Vögel – Finken, dachte er. Die Vögel sahen sich ähnlich, waren aber doch immer ein klein wenig anders. Die »Finken« auf der einen Insel hatten einen etwas längeren Schnabel als die Finken auf der anderen Insel. Auch ihr Verhalten unterschied sich voneinander und sie ernährten sich unterschiedlich, obwohl die Inseln gar nicht so viele Kilometer auseinander lagen. Darüber wunderte sich Darwin sehr und er nahm allerlei Vögel mit, um sie in England genauer zu studieren. Manche Vögel, die er für eigene Arten gehalten hatte, gehörten doch zur selben Art, wie sich später herausstellte. Aber woher kamen all die Unterschiede, fragte er sich. Ein Fink auf einer britischen Insel sah genauso aus wie ein Fink in London. Wie konnte es dann sein, dass sich diese Vögel so sehr voneinander unterschieden?

Diese Frage beschäftigte Darwin lange. Daher interessierte er sich auch für die Arbeitsweise von Tier- und Pflanzenzüchtern. Wie schafften sie es nur, ganz neue Rassen und Arten zu züchten? Und wie lange dauerte es, bevor man eine ganz neue Hunderasse oder neue Pflanzenart hatte? Ihre Antwort war einfach.

WIE MACHT MAN EINEN 70-KILO-HUND?

Wenn man große Sonnenblumen züchten will, nimmt man die Samen der größten Sonnenblume, die zur Verfügung steht. Denn so wie Kinder ihren Eltern ähnlich sehen, ähneln auch Pflanzen den Pflanzen, von denen sie abstammen. Aus den Samen einer großen Blume entstehen also wiederum große Blumen. Für die Züchtung großer Sonnenblumen nimmst du also die Samen der größten Sonnenblume, die du finden kannst, und wartest, bis daraus wieder Sonnenblumen wachsen. Manche der neuen Sonnenblumen werden noch größer sein als ihre »Mutterblume«. Mit den größten davon züchtest du dann weiter. Das machst du immer so fort, bis deine Sonnenblumen schließlich gut zwei Meter hoch sind. Bei Hunden funktioniert das ganz genauso. Wenn du große Hunde haben möchtest, musst du jeweils wieder die größten Exemplare miteinander kreuzen. So kommt es, dass es inzwischen Hunde in allen Formen und Größen gibt – vom winzig kleinen Chihuahua, der so viel wiegt wie eine Packung Zucker, bis zum riesenhaften Old English Mastiff mit seinen gut siebzig Kilo.

HAST DU DIESELBEN VORFAHREN WIE EIN OHRWURM?

Während Darwin sich fragte, woher all die unterschiedlichen Arten kamen, las er ein Buch über Bevölkerungswachstum – ja, er interessierte sich wirklich für sehr viele Dinge ... Und genau dieses Buch führte Darwin zu der neuen Erkenntnis, die ihn weltberühmt machen sollte – der Erkenntnis, die zur besten wissenschaftlichen Theorie aller Zeiten führen sollte. Der Erkenntnis, die zu einem Teil erklärt, wie es kommt, dass es so viele verschiedene Lebensformen auf der Erde gibt. Und der Erkenntnis, die erklärt, weshalb du, die Qualle und der Ohrwurm dieselben Vorfahren haben. Diese Erkenntnis lautet: *Der zur Verfügung stehende Nahrungsvorrat kann nur geringfügig wachsen, während eine Gemeinschaft von Lebewesen das sehr schnell kann.*

Äh ... hallo? Ist das alles? Ist das denn *so* spektakulär?
Ja!

Denn dieser eine Satz hat enorme Folgen. Stell dir mal vor, du bist ein Darwinfink (so hat man diese Vögel später genannt) auf einer der Galapagosinseln. Auf einer Insel ist nur eine begrenzte Futtermenge zu finden, denn schließlich gibt es keine unendliche Menge von Insekten, Samen oder Beeren. In einem guten Jahr gibt es etwas mehr zu essen, aber genauso häufig ist es etwas weniger. Wie dem auch sei: Die Nahrungsvorräte können höchstens ein klein wenig zunehmen. Aber die Menge der Finken kann um ein Vielfaches schneller wachsen. Finken bekommen ungefähr drei Junge pro Jahr. Wenn die jeweils auch drei Junge bekommen, hat man neun Finken, das geht ja noch. Aber die alle zusammen bekommen im nächsten Jahr schon 27 Junge. Die kriegen wieder 81 Junge. Die 243. Die dann 729. Die bekommen 2187. Die kriegen 6561 und die zusammen 19 683. Und in zehn Jahren hat sich die ganze Insel in eine einzige große Darwinfinken-Legebatterie verwandelt. Aber so funktioniert es in Wirklichkeit nicht. Denn es kann niemals ausreichend Futter für alle Finken geben.

WELCHE TIERE ÜBERLEBEN UND WELCHE STERBEN?

Nicht jeder Fink wird überleben, viele Vögel werden sterben. Welche Finken aber überleben? Jedenfalls nicht die schwächsten und klapprigsten. Aber welche dann? Wenn es viele Habichte gibt, haben Finken mit einer guten Tarnfarbe eine bessere Chance, den Habichtklauen zu entgehen. Sind wenige Habichte zu finden und stattdessen viele Nüsse und Samen, haben Vögel mit einem stärkeren Schnabel die besten Überlebenschancen. Gibt es viele Insekten, sind die schnellsten Insektenfänger am erfolgreichsten. Und jetzt kommt es: Die einzelnen Inseln sind etwas unterschiedlich. Auf der einen wachsen Pflanzen, die sich von denen auf einer anderen Insel leicht unterscheiden, und auf der einen findet man Habichte, die es auf der anderen nicht gibt.

WIE MACHT MAN AUS EINEM FINKEN ZWEI FINKEN?

Stell dir mal vor, man würde alle vorhandenen Vögel von den Galapagosinseln verjagen und stattdessen gewöhnliche Finken freilassen, wie man sie auch bei uns in den Wäldern und Gärten findet. Was würde dann passieren? Anfangs nicht viel. Die Finken sehen sich alle ziemlich ähnlich. Sie haben dieselben Farben, Schnäbel und Fressgewohnheiten. Trotzdem unterscheiden sie sich leicht. Auf einer Insel voller Habichte werden die Finken, deren Farben etwas mehr den Farben der Insel ähneln, auch eine etwas größere Überlebenschance haben. Für ihre Nachkommen gilt das Gleiche. Ganz allmählich wird sich daher ihr Federkleid den Farben der Umgebung anpassen und innerhalb weniger Jahrzehnte hat man Finken mit einer anderen Farbe. Auf den anderen Inseln geschieht das Gleiche, zum Beispiel mit den Schnäbeln oder den Fressgewohnheiten der Vögel. Wenn man lange genug wartet, werden sich die Finken immer mehr voneinander unterscheiden. Anfangs hattest du eine einzige Art und zum Schluss sind es gut fünfzehn unterschiedliche Arten. Letzten Endes unterscheiden sich die Tiere so sehr, dass sie untereinander keine Jungen mehr haben können.

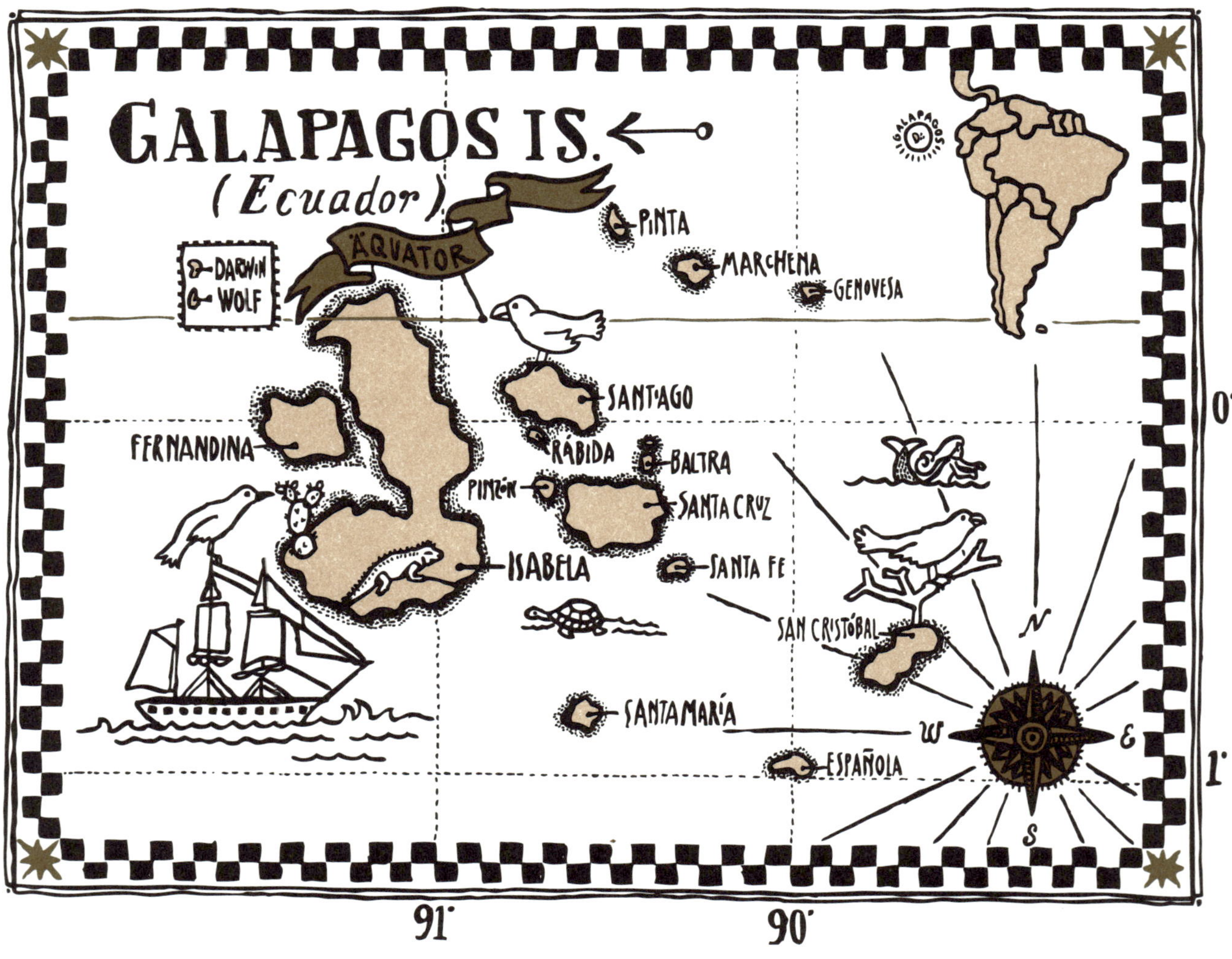

GEHT ALLES LEBEN AUF DER ERDE AUF EINEN EINZIGEN VORFAHREN ZURÜCK?

Das Wichtigste an Darwins Entdeckung war, dass sich Tiere und Pflanzen also im Laufe der Zeit verändern können. Nicht vom einen auf den anderen Tag, aber doch im Laufe von Jahrzehnten, Jahrhunderten, Jahrtausenden oder Millionen von Jahren. Und genau so ist es. Die Bedingungen auf der Erde verändern sich stetig. Zu manchen Zeiten war unser Planet zum größten Teil mit Eis bedeckt, in anderen war sogar das Eis am Nord- und Südpol geschmolzen. Was früher Flachland war, ist heute Berglandschaft. Meere trockneten aus und wurden zu Wüsten, gefrorener Boden taute auf und es entstanden Urwälder. Und umgekehrt natürlich!

Die Erde verändert sich und alles, was darauf lebt, muss sich mit verändern. Die Art, die sich am besten anpasst, hat die größte Überlebenschance. Ein anderes Wort für Veränderung ist »Evolution«. Daher nennen wir Darwins Entdeckung die »Evolutionstheorie«. Bislang ging es hier nur um Finken. Aber Darwin hatte entdeckt, dass es enorm viele Übereinstimmungen zwischen allerlei Tier- und Pflanzenarten gibt. Seiner Ansicht nach mussten alle Arten einst einen gemeinsamen Vorfahren gehabt haben. Dessen Nachkommenschaft verzweigte sich dann im Laufe der Jahre, genau wie ein Baum. Wenn du also lange genug zurückgehst, Milliarden von Jahren, dann landest du bei *einem* gemeinsamen Vorfahren.

WARUM BRAUCHTE DARWIN ZWANZIG JAHRE FÜR SEIN BUCH?

Anfangs war es nur so eine Idee von ihm. Darwin hat jahrelang über seine Theorie nachgedacht. Schließlich wollte er dann ein Buch darüber schreiben. Er wusste, dass so ein Buch die wissenschaftliche Welt auf den Kopf stellen würde. Und er wusste auch, dass es sehr kritisch beäugt werden würde – von Wissenschaftlern, aber auch von gläubigen Menschen. Deswegen sammelte Darwin weiterhin nur Material und las Bücher, um möglichst viele Beweise zu haben, zwanzig Jahre lang. Offiziell war er zwar kein Wissenschaftler, aber er wusste mehr als die meisten Wissenschaftler an der Universität. Und wahrscheinlich hätte er noch jahrelang weiter Beweise gesammelt, wenn es nicht doch noch anders gekommen wäre.

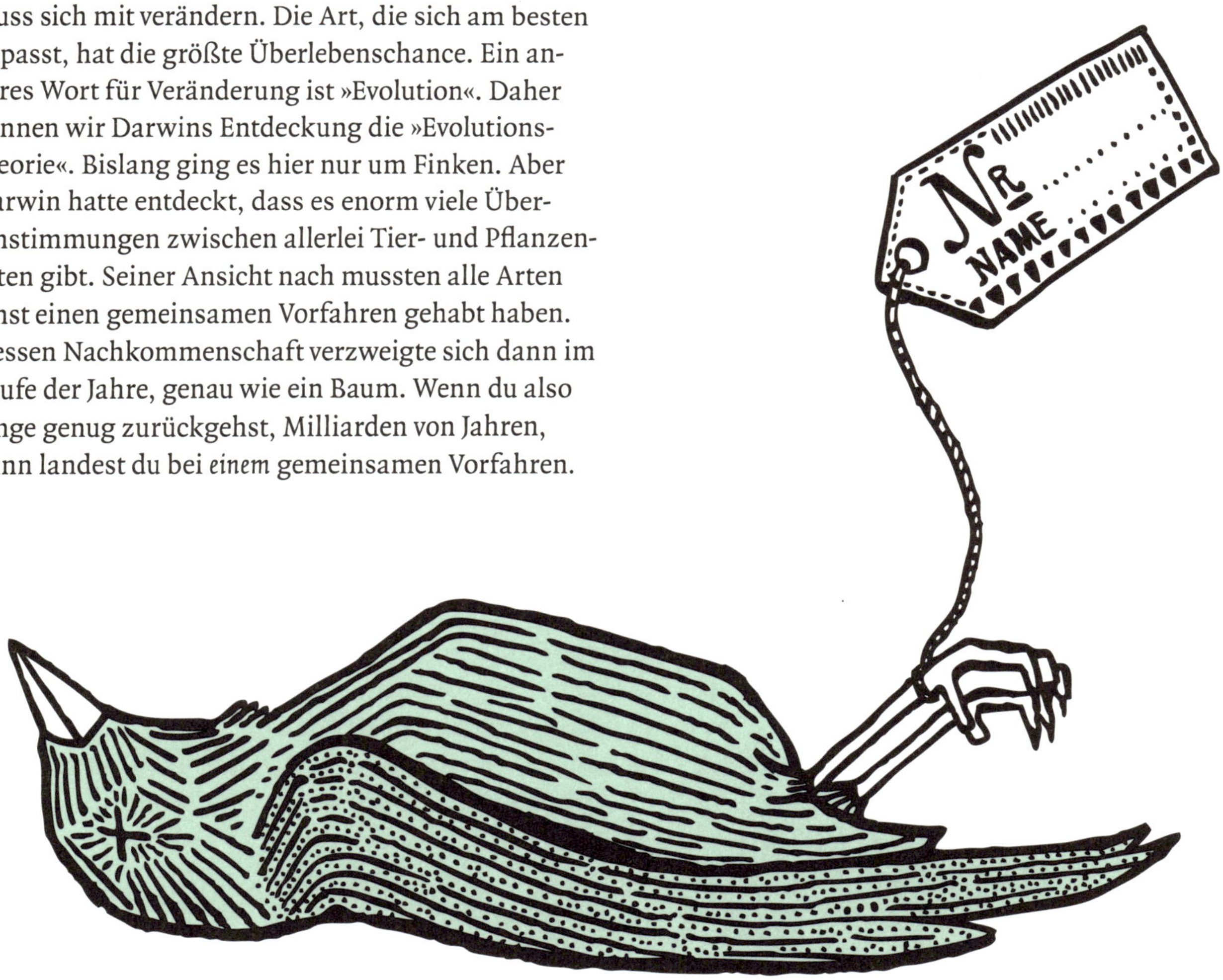

HAT MAN DARWIN FÜR VERRÜCKT ERKLÄRT?

Im Juni 1858 bekam Darwin einen Brief von einem gewissen Alfred Russel Wallace, der einen wissenschaftlichen Artikel geschrieben hatte. Das Thema lautete: »Warum sich Arten allmählich verändern und sich schließlich von der ursprünglichen Art unterscheiden.« Also genau Darwins Untersuchungsgegenstand, an dem er schon seit zwanzig Jahren arbeitete, und mit ein wenig Pech würde nun Wallace den Ruhm einstreichen. Darwin erschrak zutiefst. Er schrieb Wallace einen Brief und schlug vor, die Sache mit der Evolutionstheorie gemeinsam einer wissenschaftlichen Gesellschaft vorzutragen. Wallace fand die Idee gut, aber im letzten Moment konnte Darwin nicht an der Veranstaltung teilnehmen und Wallace befand sich weit weg auf den Molukken. Ihr Text musste also von anderen vorgelesen werden. Und seltsamerweise passierte danach gar nichts. Das Publikum reagierte kaum. Die Anwesenden waren weder aufgebracht noch kritisch.

Glauben ihm denn jetzt alle?

Für Darwin war diese Reaktion des Publikums natürlich angenehm. Aber ihm war schon klar, dass er sich jetzt mit seinem Buch beeilen musste. Ein Jahr später erschien sein Meisterwerk »Über die Entstehung der Arten«. Einige der Reaktionen hast du zu Beginn dieses Kapitels lesen können, vor allem die negativen. Aber im Allgemeinen waren die Reaktionen eher erfreulich. Darwin hatte seine Theorie mit so starken Beweisen untermauert, dass ihm die meisten Leser zustimmten. Nicht jeder reagierte also so böse wie schon erwähnt. Nachfolgend findest du noch ein paar weitere Kommentare:

- *»Vom Affen abstammen! Du lieber Himmel, lasst uns hoffen, dass das nicht wahr ist. Und wenn es wahr ist, lasst uns dann hoffen, dass es niemand erfährt!«*
- *»Die Menschen mögen sich ja über Darwins Buch lustig machen, aber ich stamme lieber von einem Affen ab als von jemandem, der mit schönem Geschwätz oder Lügen versucht, die Geschichte der Evolution lächerlich zu machen.«*
- *»Ein sehr schönes Buch. Aber schade, dass nicht mehr über Tauben darin steht. Jeder will mehr über Tauben wissen. Wenn er ausführlicher über Tauben geschrieben hätte, würde sich das Buch deutlich besser verkaufen.«*
- *»Was Galileo Galilei für die Sternkunde war und Isaac Newton für die Physik, das ist Charles Darwin für die Biologie.«*
- *»Das ist die beste wissenschaftliche Idee aller Zeiten.«*

Darwins Werk fand große Beachtung und verkaufte sich gut. Sein Buch ist jetzt rund 150 Jahre alt und wird noch immer gelesen. Darwin wurde damit weltberühmt und gilt noch immer als einer der größten wissenschaftlichen Entdecker aller Zeiten. Wallace hingegen erging es etwas anders. Er beschäftigte sich auch mit allerlei anderen Dingen außerhalb der Evolutionstheorie. So wollte er zum Beispiel beweisen, dass man mit Geistern reden kann, weshalb ihn

manche für leicht verrückt hielten. Dennoch gilt er noch immer als ein außergewöhnlich intelligenter Mann, der für die Wissenschaft sehr wichtig gewesen ist.

Werden alle Arten immer besser?

Trotzdem ist die Geschichte der Evolutionstheorie damit noch nicht ganz erzählt. Denn noch immer gibt es viele Menschen, die Darwin nicht glauben. Evolution ist ein unglaublich schwieriges Thema. Deswegen nahm sich Darwin auch so viel Zeit, um genügend Beweise und Argumente zu finden. Seine Theorie klingt im ersten Moment logisch, aber wenn man länger darüber nachdenkt, gibt es auch komplizierte Fragen, die nicht so einfach mit der Evolutionstheorie zu erklären sind. Zum Beispiel: Die ersten Zellen auf der Erde hatten keine Augen. Wie sind die Augen entstanden? Wie kann aus etwas so Einfachem wie einer simplen Zelle schließlich ein Mensch oder ein Elefant entstehen? Wird alles immer nur besser durch Evolution oder wie ist das?

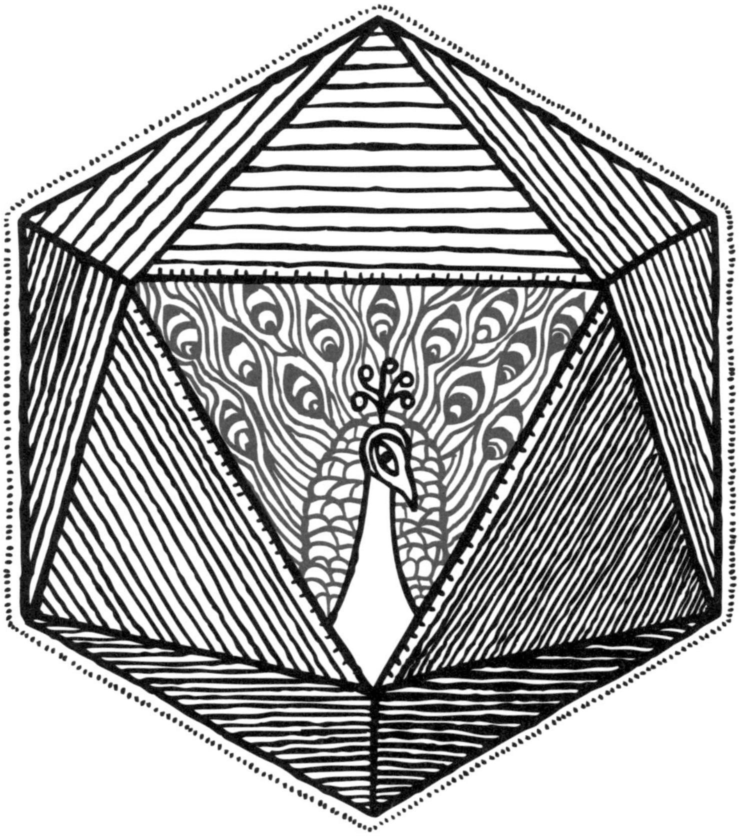

— TEIL 5 —

DIE EVOLUTION IN KURZFASSUNG

WIE ENTSTEHT EINE NEUE ART?

Darwins Evolutionstheorie scheint sehr einfach. Nimm mal ein leeres Blatt Papier zur Hand und zeichne freihändig alle möglichen Kreise, die so groß sind wie eine 10-Cent-Münze. Bitte zuerst malen und erst danach weiterlesen. Ist ein Kreis misslungen? Macht nichts, zeichne einfach weiter, bis das Blatt voll ist!

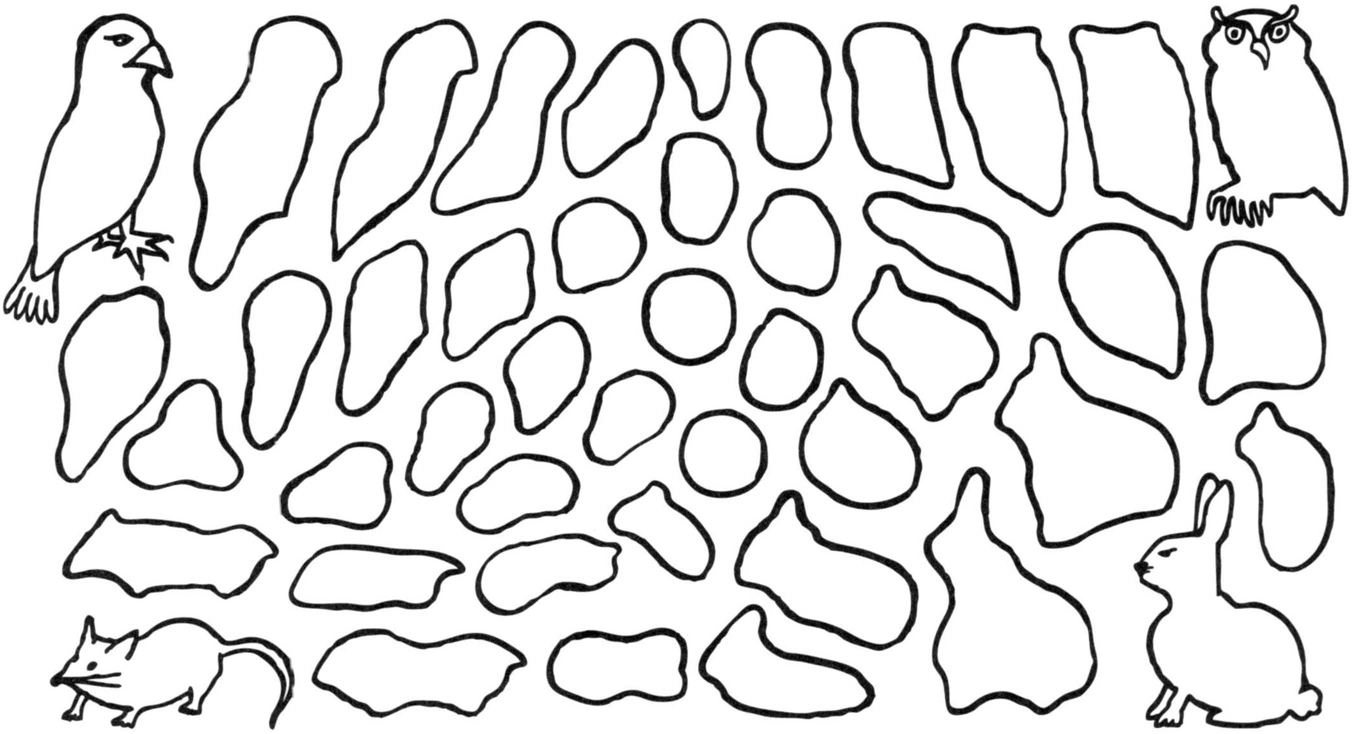

Fertig? Ist dein Blatt voll? Dann darfst du weiterlesen.

Du hast also alles voller Kreise gemalt, die sich ähnlich sehen. Aber der eine Kreis ist ein wenig größer als der andere, der nächste etwas weniger rund und wieder ein anderer hat vielleicht eine kleine Delle. Stell dir jetzt mal vor, diese Kreise fangen an zu leben. Sie bilden Paare und bekommen Junge. Und angenommen, da ist ein Raubtier, das vor allem die großen Kreise auffressen will. Dann haben die kleinsten Kreise eine etwas größere Überlebenschance. Die bekommen Junge und die kleinsten dieser Jungen haben auch wieder eine größere Überlebenschance. Die größten haben dagegen eine größere Chance, früher zu sterben. So erhält man immer kleinere Kreise. Etwas Ähnliches passiert, wenn das Raubtier stattdessen lieber kleinere Kreise jagt. Dann werden die Kreise im Laufe der Jahre immer größer. Egal, wie herum – letzten Endes wird eine neue Kreisart entstehen, die nicht mehr so aussieht wie die alte. Ganz einfach, nicht wahr?

Bei Tieren und Pflanzen funktioniert das genauso. Und Kinder ähneln ihren Eltern, unterscheiden sich aber alle ein wenig voneinander. So eine kleine Abweichung kann vorteilhaft sein oder unpraktisch. Und davon hängt auch der Erfolg ihrer Nachkommenschaft ab.

WARUM VERÄNDERN SICH MANCHE ARTEN SCHNELLER ALS ANDERE?

Eine lebende Art ist nie ganz fertig. Wenn sich die Umgebung verändert, ändern sich auch die Arten, die dort leben. Und viele Gebiete auf der Erde verändern sich, das eine schnell, das andere langsam. An Land haben die Temperatur und die Regenmenge mehr Einfluss als im Meer oder tief unter der Erdoberfläche. Wenn sich die Temperatur oder die Regenmenge stark verändern, wird das für die Tiere an Land Folgen haben. Die Tiere werden verschwinden oder sich verändern. An Land gibt es deswegen Arten, die »erst seit Kurzem existieren«, wie der Mensch. Und im Meer gibt es Tiergruppen, die schon seit Milliarden von Jahren existieren, wie Quallen oder Würmer.

Das Klima ist eine wichtige Ursache für die Veränderung der Arten. Stell dir mal ein Kaninchen vor. Wenn das Klima abkühlt und öfter Schnee liegt, werden seine Jungen mit dem hellsten Fell den Raubtieren am wenigsten auffallen. Sie haben die größte Überlebenschance. Es wird also immer mehr Kaninchen mit hellem Fell geben. Die bekommen auch wieder Junge. Und auch bei ihnen haben wiederum die Kaninchen mit dem hellsten Fell die größten Chancen. Die Kaninchenfelle werden also immer einen Ton heller. Das geht so lange weiter, bis schließlich alle Kaninchen so weiß sind wie Schnee. Und was ist, wenn es in den Jahrhunderten danach wieder wärmer wird und der Boden häufiger so braun ist wie der Erdboden und nicht mehr so weiß wie Schnee? Dann werden die Kaninchen wieder brauner.

Es kann auch sein, dass manche Kaninchen während der kalten Periode in den Süden gezogen sind, wo es wärmer war. Für sie war es gar nicht nötig, weiß zu werden, also blieben sie braun. Aber die Kaninchen, die in der kalten Gegend zurückblieben, wurden sehr wohl weiß. So bekommt man schließlich zwei Kaninchenarten: weiße und braune. Und genau darum dreht sich die ganze Evolutionstheorie: Aus einer einzigen Art können zwei oder mehrere verschiedene entstehen. Wenn Tiere sich so sehr voneinander unterscheiden, dass sie gemeinsam keine gesunden Nachkommen mehr haben können, spricht man von unterschiedlichen Arten.

Die Geschichte mit den Kaninchen ist nur ein Beispiel. In Wirklichkeit spielt sich die Evolution vor unserer Nase ab. London war vor zweihundert Jahren noch eine furchtbar dreckige Stadt mit unglaublich viel Kohlerauch, der alle Gebäude verschmutzte und dunkel machte. Zu dieser Zeit gab es viele dunkle Motten, die genau die Farbe der Steine hatten. Später wurde London sauberer und jetzt sind die dunklen Motten ausgestorben – man findet heute wieder helle Motten in der Farbe sauberer Steine.

So scheint es, als könne man die Evolution ein wenig vorhersagen. Mit Betonung auf dem Wort »scheint«, denn in der Natur geschehen auch seltsame Dinge …

HUCH? ÜBERLEBEN JETZT PLÖTZLICH NICHT MEHR DIE STÄRKSTEN UND BESTEN?

Viele Leute denken, es gehe darum, dass eine Art, die am besten an ihre Umgebung angepasst ist, die größte Überlebenschance hat. Das scheint auch vollkommen logisch, wenn man das vorhergehende Kapitel gerade gelesen hat. Warum sollte es anders sein? Schau dir mal den Weißen Hai an. Haie sind gefährliche Räuber: Sie riechen einen Tropfen Blut in Millionen Litern Wasser, erreichen beim Schwimmen spielend eine Geschwindigkeit von 40 Stundenkilometern und trauen sich mit ihren scharfen, nach innen gerichteten Zähnen an jede erdenkliche Beute. Sieht man so einen Hai in Aktion, dann sieht man das Ergebnis von Hunderten von Millionen Jahren Evolution, in denen diese Superjäger immer schneller, stärker und besser geworden sind.

Survival of the fittest, heißt das auf Englisch: »das Überleben des am besten Angepassten«. Trotzdem führt das nicht immer zu den besten Ergebnissen. Ich weiß ja nicht, ob du Jan Groß aus Diez einmal gesehen hast. Aber solltest du ihn kennen, dann weißt du, dass er nicht das Beste ist, was die Evolution in Milliarden von Jahren hervorbringen konnte. Jan Groß hat einen ziemlich dicken Bauch, er sieht nichts ohne seine Brille und er könnte keine Woche im Dschungel überleben. Wie soll das zusammenpassen?

WILL EIN BAUM ÜBERHAUPT HOCH SEIN?

Tiere, Bäume und Pflanzen werden nicht unbedingt immer besser, sie verändern sich einfach. Und darum haben sie nicht immer die praktischsten Formen. Nimm die Bäume. Irgendwo im amerikanischen Staat Kalifornien steht ein Koloss von einem Baum. Man nennt ihn *Stratosphere Giant*, »Riese der Stratosphäre«. Dieser Mammutbaum (eine *Sequoia*) ist fast 113 Meter hoch, also fast so hoch wie der Turm des Freiburger Münsters. Aber wenn dieser Riese seine Form selbst hätte wählen dürfen, wäre er gar nicht so hoch. Hohe Bäume bekommen nämlich viel Wind ab und das ist nicht so angenehm. Sie können einfach umgeweht werden. Aber warum ist dieser Baum denn dann so hoch? Weil Bäume sich immer gegenseitig im Weg gestanden haben. Bäume brauchen Licht. Licht gibt Energie, es ist eine Art Nahrung für den Baum. Und damit man in einem Wald genügend Licht abbekommt, muss man über die anderen Bäume hinauswachsen. Der höchste Baum bekommt am meisten Licht ab. Deswegen sind die Bäume immer höher gewachsen. Hätten die Sequoias sich vorher untereinander abgesprochen, dass sie maximal zehn Meter vierzig hoch werden dürfen, wäre alles in Ordnung gewesen …

WARUM HABEN KANINCHEN »SCHLECHTE« AUGEN?

Der *Stratosphere Giant* hat noch nicht einmal seine volle Größe erreicht. Baumexperten haben berechnet, dass er noch ungefähr zwanzig Meter wachsen kann. Danach hört es auf. So ein Baum muss nämlich gut tausend Liter Wasser am Tag trinken. Und wenn ein Baum zu hoch wird, kann er das ganze Wasser nicht mehr nach oben schaffen. Es braucht nur eine Kleinigkeit, um die Wasserzufuhr zu stoppen und die Äste abbrechen zu lassen. Darum sind die meisten Bäume viel kleiner und es ist auch fraglich, ob der *Stratosphere Giant* selbst jemals so groß werden wird. Grundsätzlich geht es um die goldene Mitte. Bäume müssen so hoch werden, dass sie ausreichend Licht einfangen, aber klein genug bleiben, damit sie nicht knicken. Die meisten Arten haben diese Balance schon vor vielen Jahren gefunden und verändern sich deswegen nicht mehr. Sequoias sind schon seit Millionen von Jahren gleich geblieben, lange genug, um sich an diese unpraktische Größe zu gewöhnen …

Jan Groß aus Diez beweist, dass Arten nicht immer nur besser werden. Und da ist er nicht der Einzige. Bei jeder Pflanze und jedem Tier gibt es irgendetwas zu verbessern. Denk nur mal wieder an die Kaninchen. Wären sie in den Millionen Jahren ihrer Existenz immer nur »besser« geworden, würden sie anders aussehen. So sind die Augen von Kaninchen längst nicht so gut wie die ihrer Feinde. Ein Kaninchen mit besseren Augen hat größere Überlebenschancen als ein Kaninchen mit schlechten Augen. Warum also wurden die Augen in den vergangenen Jahrmillionen nicht besser entwickelt? Nicht, damit Füchse und Wölfe auch eine Chance haben. Nein, da spielt etwas anderes eine Rolle. Lies ruhig mal das nächste Kapitel …

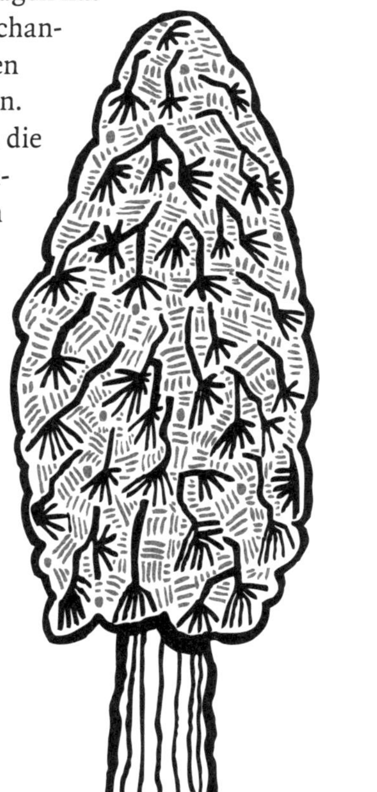

HAT DIE EVOLUTION WAS FALSCH GEMACHT?

Einst lebte eine riesengroße Hirschart mit einem so gewaltigen Geweih, dass sich die Männchen kaum fortbewegen konnten. Pfauen haben Schwänze, die gut anderthalb Meter lang werden können. Und die männlichen Laubenvögel vergeuden Monate ihrer kostbaren Zeit mit dem Bau eines schönen, aber nutzlosen Kunstwerks. Die Hirsche lebten, und bei den Pfauen ist es nicht viel anders, in einer Umgebung mit vielen Raubtieren. Und das Letzte, was man brauchen kann, wenn man von einer Gruppe Wölfe oder Tiger verfolgt wird, ist ein bleischweres Geweih auf dem Kopf oder ein anderthalb Meter langer Schwanz am Hinterteil. Warum sehen diese Tiere aber dennoch so aus? Und könnten Laubenvögel ihre Zeit nicht sinnvoller verbringen? Hat die Evolution was falsch gemacht?

SIND FRAUEN VERRÜCKT?

Darwin schlug sich lange mit diesem Problem herum und fand schließlich die Antwort: Die Weibchen sind an allem schuld. Weibliche Laubenvögel stehen nicht auf Männchen, die langweilige, sichere Nester bauen. Sie stehen auf Künstler – auf die Rembrandts und Van Goghs der Vogelwelt, die die schönsten und buntesten Kunstwerke schaffen. Die Männchen bauen übrigens nicht mal ein Nest. Ihre »Laube« ist eine Art Gartenhäuschen am Boden, das nicht als Nest benutzt werden kann. Wenn ein Weibchen später Eier legt, muss es sein Nest selbst bauen. Auch die Partnerwahl der Pfauenweibchen ist seltsam: Sie stehen auf die Männchen mit den schönsten und längsten Schwanzfedern. Und Hirschweibchen sind ganz scharf auf Männchen mit riesigen Geweihen. Wäre die Natur nicht praktischer aufgestellt, wenn diese Weibchen klügere Entscheidungen träfen?

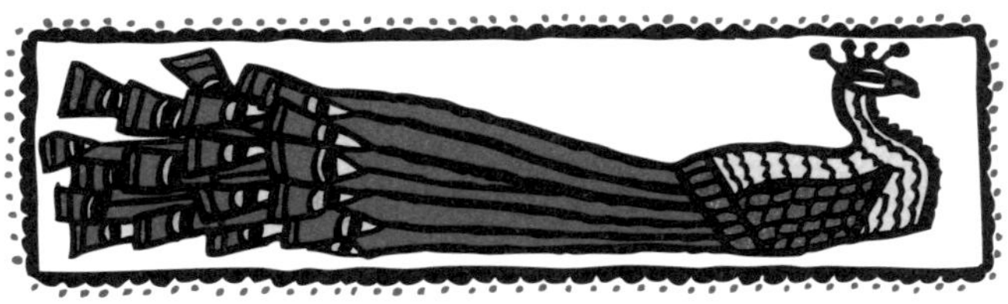

Die erwähnten Weibchen scheinen verrückt zu sein! Schau dir nur mal die Laubenvögel an. Es gibt verschiedene Arten, aber im Allgemeinen baut jedes Männchen sein Kunstwerk auf dieselbe Weise. Erst wählt der Laubenvogel einen geeigneten Platz aus. Dann rupft er alle Blätter von den Büschen und Ästen in der Umgebung, die verhindern könnten, dass Sonnenlicht auf sein Kunstwerk fällt. Danach wischt er Blätter und Unkraut vom Boden und legt dort ein Bett aus Hunderten von Zweigen an. Diese Zweige sind so gut miteinander verwoben, dass sie wie ein Parkettboden fest zusammenhalten. Dazwischen steckt er wieder neue, längere Zweige als Wände. Auch das sind wieder Hunderte von Ästchen und Zweigen, sodass die Wände durchaus einige Zentimeter dick werden. Zum Schluss verschönert er das Kunstwerk noch mit allerlei bunten Gegenständen; besonders beliebt ist dabei die Farbe Blau.

WAS KANN MAN ALS VOGEL TUN, UM GRÖSSER ZU WIRKEN?

Eine Laube kann mit allem Möglichen geschmückt werden. Einmal hat man eine gefunden, die mit sechs verschiedenen Beerensorten verschönert war, mit zwei Sorten Nüssen, drei verschiedenen Blumenblättern, mit Eierschalen, Pilzen, Reptilienhaut und Schneckenhäusern, mit blauen und rosafarbenen Steinen, Aluminiumfolie, Asche, Plastik in drei Farben, mit Stromkabeln, Insektenpanzern, Knochen und Mist. Und das war nur eine einzige Laube ...

Es steckt noch mehr Erfindungsgabe in diesen Kunstwerken. Manche Laubenvögel legen Steinchen in ihre Hütten. Vorn, wo sie selbst sitzen, legen sie kleinere Steine hin und hinten größere. Clever! Denn Steine, die in der Nähe liegen, wirken größer als Steine in der Ferne. Indem sie die kleinen Steine vorne hinlegen und sich auf sie setzen, wirken die Vögel größer. Sie nutzen also die optische Täuschung. Und sie setzen einen weiteren Trick ein: Die Öffnung des Kunstwerks zeigt immer zur Sonne. So bleiben die Männchen schön warm und sind besser zu sehen.

WARUM WOLLEN MANCHE WEIBCHEN JUNGE VON EINEM MORDENDEN KÜNSTLER?

Ein Laubenvogelmännchen ist monatelang mit dem Bau seiner Laube beschäftigt, manchmal fast ein Jahr. Das Männchen muss doch wirklich ein unglaublicher Idiot sein, dass es so viel Zeit mit einer nutzlosen Laube verplempert? Leider ist es für ihn die einzige Methode, ein passendes Weibchen abzubekommen. Also doch frisch ans Werk. Es ist übrigens auch gefährlicher, als man denkt. Manche Laubenvögel gehen sogar so weit, dass sie andere Vögel töten und kahl rupfen, weil sie genau ihre Federfarbe brauchen. Dabei können sie selbst ernstlich verwundet werden. Sie sind also wirklich bereit, der Liebe ein großes Opfer zu bringen.

Du wirst verstehen, dass es nicht leicht ist, so eine Laube zu bauen. Die jüngsten Männchen können es daher auch noch nicht richtig. Erst wenn sie es sich gut abgeschaut haben, lernen sie im Laufe der Jahre durch Übung, wie es geht. Und genau darum geht es. Die Weibchen sind nämlich gar nicht verrückt. Wenn ein Weibchen so ein Kunstwerk sieht, weiß es genau, dass sie es mit einem erfahrenen Männchen zu tun hat – einem Männchen, das gut überleben kann und Zeit genug hat, das schönste Kunstwerk zu gestalten. Das muss einfach ein gesundes und starkes Männchen sein. Von so jemandem möchte man gern Junge!

WARUM HABEN PFAUEN SO EINEN LANGEN SCHWANZ?

Bei Pfauen liegt die Sache ein wenig anders. Laubenvogelmännchen können bei Gefahr leicht flüchten, aber Pfauenmänner haben einen sehr unpraktischen langen Schwanz. Dennoch ist gerade der für die Weibchen besonders attraktiv. Schneidet man dem beliebtesten Pfau die Schwanzfedern ab, will keine mehr etwas von ihm wissen. Klebt man diese Federn einem unansehnlichen Männchen an, liegen ihm die Weibchen plötzlich scharenweise zu Füßen. Und das nur wegen der falschen Schwanzfedern. Warum? Weil ungesunde, schwache Pfauen niemals einen schönen langen Schwanz haben können. Kranke Pfauen haben hässliche Federn, gesunde nicht. Und es gelingt ihnen auch, mit diesen riesigen Federn zu überleben. Ein schöner Pfau muss stark, klug und gesund sein. Ein geeigneter Kandidat also. Bei anderen Vögeln ist das genauso. Das Rotkehlchenmännchen mit der rotesten Brust beispielsweise ist auch das fitteste. Und der Paradiesvogel mit den längsten und buntesten Federn der gesündeste. Weibchen sind also keineswegs verrückt, im Gegenteil ...

UND WIESO SIND DIE RIESENHIRSCHE DANN AUSGESTORBEN?

Wie ist das dann aber mit den Riesenhirschen und ihren Supergeweihen? Die sind doch ausgestorben? Diese Riesenhirsche kamen prima zurecht, solange es genug zu fressen gab. Das gilt auch für Pfauen und Laubenvögel. Sie wohnen in Gebieten, in denen man schnell und leicht an Nahrung kommen kann. Wenn plötzlich weniger zu fressen da ist, haben sie ein großes Problem. So war es dann auch bei den Riesenhirschen. Das Klima kühlte ab, wodurch sie weniger Nahrung fanden. Das Geweih wurde zur großen Last für die Männchen. Andere Hirscharten mit einem kleineren Geweih konnten leichter große Strecken zurücklegen, um von überall etwas zu fressen herbeizuschaffen. Der Riesenhirsch starb aus. Alles in der Natur dreht sich um Ausgewogenheit. Das gilt für die Höhe der Bäume, die Länge von Pfauenschwänzen und das Gewicht von Hirschgeweihen.

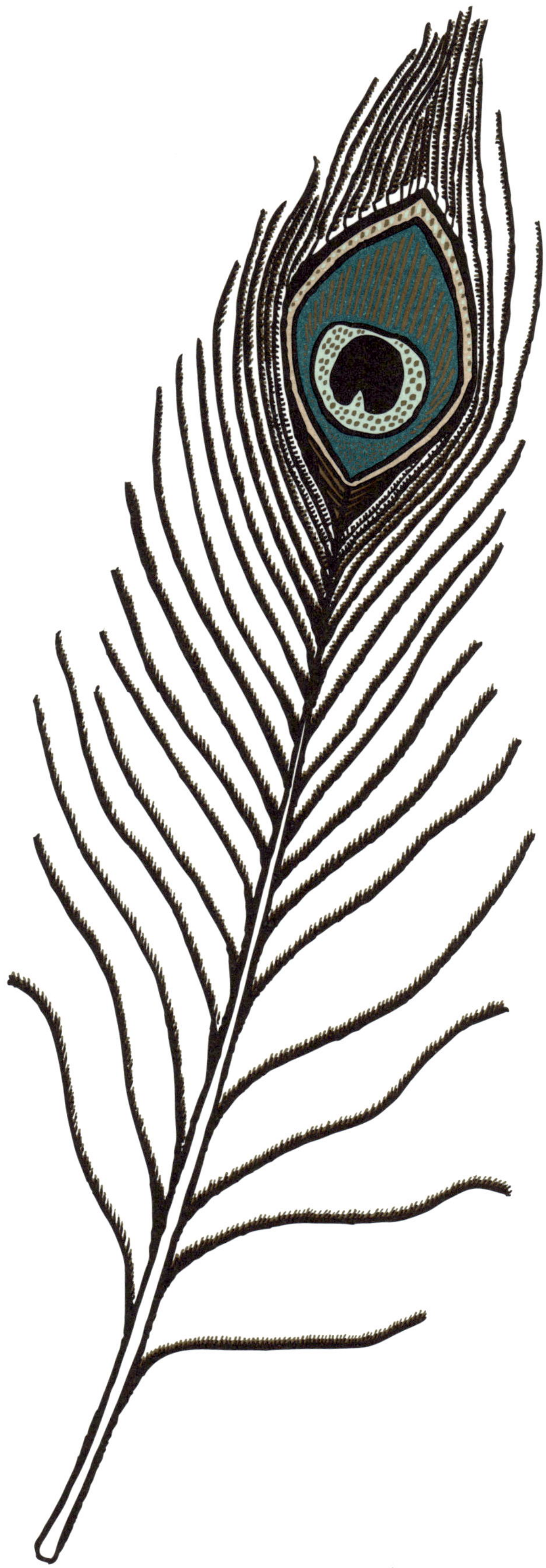

WARUM IST NIEMAND PERFEKT, SELBST NACH MILLIONEN JAHREN DER EVOLUTION?

In der Natur bestimmen meist die Weibchen, mit wem sie Sex haben. Deswegen spielen sie in der Evolution eine so wichtige Rolle. So können abenteuerliche Arten entstehen. Darwin nannte dies die »sexuelle Selektion« oder Auswahl. Gemeinsam mit dem »Überleben des am besten Angepassten« sah er sie als wichtigste Ursache für die Veränderung von Arten. Es gibt eine ständige Wechselwirkung zwischen diesen beiden Prinzipien. Manchmal ist es praktisch, gut auszusehen, ein anderes Mal ist es vorteilhafter, schnell und stark zu sein.

WARUM WERDEN FRAUEN IMMER SCHÖNER UND MÄNNER NICHT UNBEDINGT?

Beim Menschen ist das anders. Männer wählen oft die schönsten Frauen aus, aber Frauen achten weniger auf das Äußere eines Mannes. Sie finden es zum Beispiel wichtiger, dass er intelligent ist, eine gute Stelle hat oder vielleicht etwas besonders gut kann. Schönere Frauen werden also schneller einen Mann und Kinder bekommen. Das führt auch wieder zu schöneren Töchtern. Männer *brauchen* nicht unbedingt so schön zu sein, und das gilt auch für ihre männlichen Nachkommen …

Sind Frauen intelligenter als Männer, weil sie nicht nach dem Äußeren entscheiden? Nicht unbedingt. Schöne Menschen haben oft ein fast symmetrisches Gesicht. Das heißt, dass die rechte Seite ihres Gesichts beinahe ein Spiegelbild der linken Seite ist. Und das wiederum ist ein Zeichen von Gesundheit. Männer entscheiden sich also eigentlich für gesunde Nachkommen. Clever, oder?

WIE WIRD MAN ZUM SUPERKANINCHEN?

Die sexuelle Selektion und das Überleben der am besten angepassten Art sind die wichtigsten Antriebskräfte der Evolution. Aber manchmal arbeiten sie gegeneinander. Und das führt zu solch seltsamen Ergebnissen wie Pfauen, Laubenvögeln und Jan Groß aus Diez. Wenn du ein Kaninchen am Waldrand siehst, siehst du also kein perfektes Tier. Du siehst eine Mischung aus sexueller Selektion und Anpassung an die Veränderungen der Umwelt, wie Erderwärmungen im Wechsel mit Eiszeiten, trockenen und nassen Zeiträumen, aber auch Vulkanausbrüche und Meteoriteneinschläge, die sehr viele Raubtiere und Konkurrenten aussterben ließen, und Veränderungen auf der Erde, wie die Entstehung von Bergen und neuen Inseln. Und du siehst noch viel, viel mehr Zufälle.

Würde sich die Umwelt der Kaninchen verändern, sodass sie nicht mehr an den Wäldrändern leben könnten, müssten sie ganz anders aussehen. Sie müssten länger und schneller rennen können und sie hätten bessere Ohren. Ihre Jungen würden nicht nackt und blind geboren, sondern hätten gleich ein Tarnfell und könnten schon früh rennen und flüchten. Du hast es vielleicht schon längst verstanden: Dieses Superkaninchen gibt es – es ist der Hase! Du kannst auch deutlich erkennen, dass Hasen und Kaninchen dieselben Vorfahren hatten. Hasen und Kaninchen sehen sich unglaublich ähnlich, aber man kann sie nicht miteinander kreuzen, um »Kanasen« oder »Hasinchen« zu bekommen.

— TEIL 6 —

ALLES FÜR DIE FAMILIE

WAS SIND GENE UND WARUM BEHERRSCHEN SIE DIE ERDE?

Na, dann hätten wir es doch jetzt so in etwa? Wir haben doch alles Wesentliche für die Evolution besprochen? Äh … nein. Denn wenn man die Natur genau betrachtet, scheint es alle möglichen Ausnahmen zu geben zu der Vorstellung, alles drehe sich ums Überleben und um möglichst viele Nachkommen. Schau dir zum Beispiel mal die Ameisen an.

Von allen Arten gehören die Ameisen zu den erfolgreichsten. Man trifft sie überall: in der trockensten Wüste, dem nassesten Sumpf, im tiefsten Dschungel … und im Küchenschrank von Jan Groß aus Diez. Wenn man sämtliche Ameisen zusammenzählt, sind sie schwerer als alle Menschen, Elefanten und Nashörner zusammen. Manchen Arten begegnet man sogar im Wasser. Feuerameisen können aus ihren eigenen Körpern ein Floß bauen, um einen Fluss zu überqueren. Oder sie bauen eine Brücke aus sich selbst, um schnell von einem Baum zum anderen umzuziehen. Intelligente Tierchen also. Aber nicht jede Ameise ist gleich klug.

LAG DARWIN DANEBEN?

In einem Ameisenbau findet man Ameisen mit allerlei Berufen. Es gibt eine Königin, die Eier legt, Hofdamen, die Ihre Majestät versorgen, Kindermädchen, die sich um die Kleinen und die Larven kümmern, Arbeiterinnen, die den Bau instand halten, Soldatinnen, die ihn schützen, und Kundschafterinnen. Und gerade Letztere scheinen besonders dumm zu sein – sie riskieren nämlich ihr Leben, indem sie sich ganz allein auf Nahrungssuche für den restlichen Bau begeben. Ohne Hilfe von anderen sind sie wehrlos gegen Vögel und andere Tiere, die Ameisen auf dem Speiseplan stehen haben. Es ist logisch, dass eine schlauere Ameise, die selbst möglichst viele Nachkommen haben will, viel lieber Königin wird. Das ist viel sicherer! Aber trotzdem sind immer genügend Kandidatinnen zu finden, die die lebensgefährliche Aufgabe einer Kundschafterin übernehmen wollen. Warum? Die sterben doch früher? Dann bekommen sie doch keine Nachkommen? Tja.

Noch ein Ameisenbeispiel. Kranke Ameisen lassen sich nicht von anderen Ameisen pflegen, um wieder gesund zu werden. Sie bekommen kein Krankenlager auf dem Sofa, keinen Obstkorb oder heilende Medikamente. Stattdessen verlassen sie den Bau – um zu sterben ...! So können sie die anderen Ameisen im Bau nicht anstecken und die bleiben gesund. Das ist natürlich sehr nett, aber dadurch sterben sie eben selbst. Und das ist nicht so, wie Darwin sich das vorgestellt hat, denn wenn man tot ist, kann man nicht für Nachkommen sorgen.

WELCHES TIER WILL SCHON GERNE STERBEN?

Dieses seltsame Verhalten gibt es auch bei anderen Arten. Bei Bienen zum Beispiel. Wenn du ihrem Stock zu nahe kommst, werden sie dich ziemlich fix stechen. Bienenstiche sind schmerzhaft und können ganz schön viel anrichten. Am besten denkst du nicht mal im Traum daran, ein Bienenvolk zu stören. Du wirst garantiert schnell wegrennen, vielleicht mit ein paar unangenehmen Schwellungen am Körper. Aber glaub nicht, du seist das größte Opfer, denn für die Bienen, die dich gestochen haben, ist es viel schlimmer. Sie haben durch den Stich ihren Stachel verloren und an der Wunde werden sie innerhalb eines Tages sterben. Sie haben sich edelmütig für den Rest des Bienenstocks geopfert. Sehr nett von ihnen. Bloß nicht ganz so schlau. Aber warum machen sie das dann?

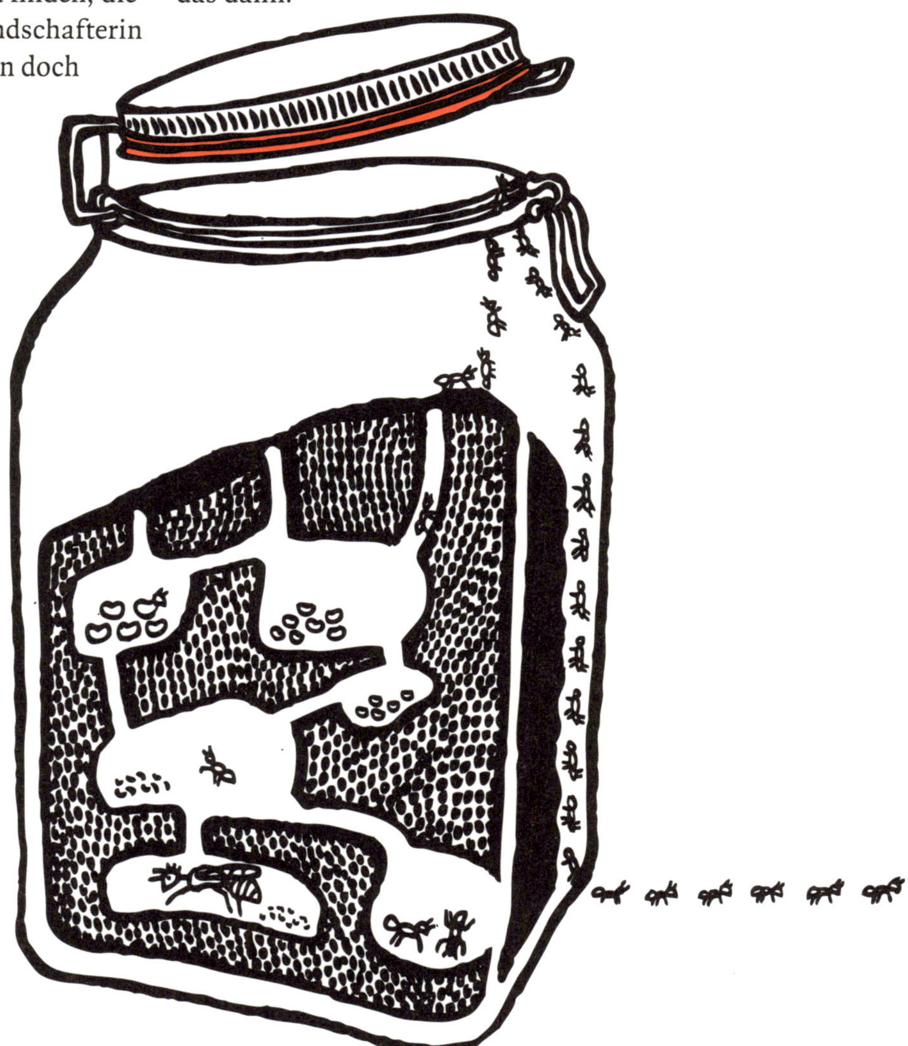

WARUM SIND GENE SO WICHTIG?

Warum opfert sich eine Biene oder eine Ameise für die Familie? Um diese Frage zu beantworten, musst du wissen, dass alle Bienen in einem Stock miteinander verwandt sind. Für Ameisen gilt das Gleiche. Die Arbeiterinnen, Soldatinnen und Kindermädchen sind allesamt Geschwister. Die Königin ist ihre Mutter. Die Kleinen, die sie versorgen, sind ihre jüngeren Schwestern und hier und da gibt es einen Bruder. Stell dir mal vor, du hast zwei Ameisenstaaten, also zwei Familien. In der ersten Familie denken alle Ameisen nur an sich und keine will Kundschafterin werden, bei der anderen gibt es sehr wohl Kundschafterinnen. Die erste Familie wird schon bald aussterben, weil keine Ameise nach neuer Nahrung sucht. Der anderen Familie geht es gut. Diese Ameisen werden weiterleben. Kurzum: Evolution hat nicht nur mit dem Erfolg und den Überlebenschancen eines einzigen Tieres zu tun, sondern auch mit den Überlebenschancen der Familie. Familien, deren Mitglieder eine Eigenschaft haben, die für die ganze Familie gut ist, werden leichter überleben.

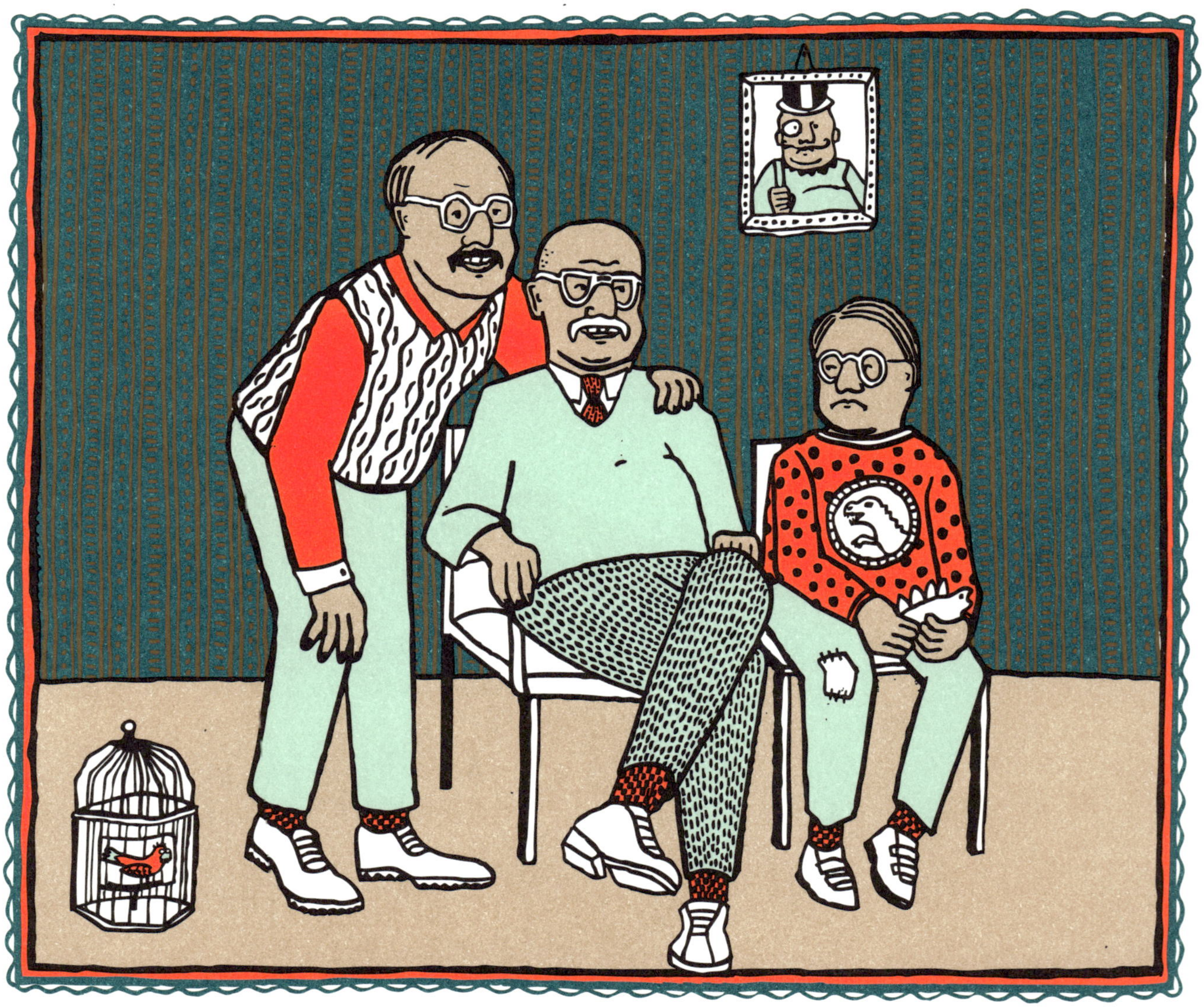

WIRD MESSIS SOHN SPÄTER AUCH EIN GUTER FUSSBALLER?

Ameisen und Bienen haben also nicht nur einen Körper, der durch Evolution entstanden ist, sondern zeigen auch ein Verhalten, das durch die Evolution bestimmt wird. Das gilt für Menschen ganz genauso. Dass du deine komische Nase oder die krummen Beine von deinen Vorfahren geerbt hast, wusstest du ja bestimmt schon. Aber auch dein Verhalten ist durch die Evolution zustande gekommen. Genau wie dein Talent. Spitzensportler haben oft einen sportlichen Vater oder eine sportliche Mutter. Nun wird ein solches Elternteil sein Kind auch sportlich erziehen und damit wächst die Chance, dass das Kind ein guter Sportler wird. Aber Erziehung und Training reichen im Spitzensport nicht aus. Du musst auch ein angeborenes Talent haben. Bei Musikern und Wissenschaftlern funktioniert das genauso. Nur ... wo steckt dieses Talent in deinem Körper? Und wer oder was bestimmt, was du kannst und wie du dich verhältst?

WAS MACHEN GENE SO ALLES?

Jan Groß aus Diez sieht seinem Vater Johann Groß Senior sehr ähnlich. Sie haben denselben Körperbau, eher dünne Haare und neigen zu Sonnenbrand. Wissenschaftler würden sagen, das steckt »in ihren Genen«. Und die beiden haben sogar dieselbe Haltung und denselben Gang. Gene sind Bestandteile der Körperzellen, jedes Lebewesen hat sie. Gene bestimmen die Augenfarbe, den Schnabel, die Schwanzlänge, die Blattform, die Farbe der Schale, die Biegsamkeit des Rüssels und den Ort für die Stacheln. Kurz gesagt: Gene bestimmen zwar nicht alles, aber doch sehr viel in der Natur.

Wie gesagt befinden sich Gene in deinen Zellen. Sie sind unverzichtbare Bestandteile jeder lebenden Zelle. Die Zellen in deinem Körper haben jeweils etwa 30 000 Gene. Diese Gene bestimmen, was die Zelle machen soll. Allein für deine Haare hast du schon verschiedene: Es gibt unterschiedliche Gene für dunkles oder helles Haar, für glattes oder gelocktes, dickes oder dünnes usw. Genauso gibt es Gene für deine Augenfarbe, die Länge deiner Nase und die Form von so ziemlich allen Teilen deines Körpers. Verhalten und Talent sind zum Teil auch durch deine Gene bestimmt. Bleibt nur eine Frage: Wessen Merkmale erbst du – die deines Vaters oder die deiner Mutter?

WARUM IST STERBEN MANCHMAL SINNVOLL?

Man erzählt, eine bildschöne Schauspielerin habe einmal einen brillanten Gelehrten gefragt, ob sie nicht zusammen Kinder bekommen sollten. »Deine Intelligenz und meine Schönheit«, sagte die Schauspielerin. »Das gäbe wunderschöne *und* hochbegabte Kinder.« – »Das könnte sein ...«, antwortete der Wissenschaftler. »Aber stell dir mal vor, sie bekämen mein Aussehen und deine Intelligenz?«

Jedes Kind hat die Gene seines Vater *und* seiner Mutter. Es ist daher nie leicht vorherzusagen, wie es letzten Endes aussehen wird. Bekommt es die Nase seines Vaters oder seiner Mutter? Bekommt es das Rechentalent seines Vaters oder das Sprachgefühl seiner Mutter, bekommt es beides oder keines von beiden? Es ist schwierig vorherzusagen. Nicht jeder Sohn eines Fußballers der Nationalmannschaft wird später ein Spitzenfußballer. Aber die Chancen stehen besser, wenn man der Sohn eines Spitzenfußballers und nicht der eines Konzertpianisten ist.

WAS GIBT ES WICHTIGERES ALS DEIN LEBEN?

Wenn sich rund 30 000 Gene in einer einzigen Zelle befinden, müssen sie schon ziemlich klein sein. Aber so klein sie auch sind, sie sind wahnsinnig wichtig. Eigentlich sind deine Gene sogar dein Chef. Denn sie bestimmen nicht nur, wie du aussiehst, sondern teilweise auch dein Verhalten.

Ameisen und Bienen haben also Gene, die so ein Tierchen Dinge tun lassen, an denen das Tier selbst sterben wird, die aber gut sind für die Familie. Denn die Gene der Familienmitglieder, die dank dieser edlen Tat am Leben bleiben, werden weitergegeben. Und diese Gene sind fast exakt die gleichen wie die der Ameise, die sich opfert.

Kompliziert, was? Es ist vielleicht leichter zu verstehen, wenn du Gene als Informationen zu einer wichtigen Mission betrachtest. Jede lebende Ameise hat ihre eigenen Gene, also eigene Informationen. Aber die Botschaft der einen Ameise ist genau dieselbe wie die ihrer Schwestern. Und diese Botschaft muss erhalten bleiben. Eine Ameise stirbt natürlich und muss ihre Informationen vor ihrem Tod ihren Nachkommen weitergeben. Oder sie muss dafür sorgen, dass ihre Schwestern mit derselben Information weiterleben können, damit sie diese wiederum weitergeben können. Das bedeutet also, dass die Gene wichtiger sind als das Leben dieser einen Ameise. Und wenn diese Ameise ihr Leben opfern muss, damit die Gene der Familie weitergetragen werden können ...? Dann muss es eben so sein.

Man könnte fast sauer werden auf diese Gene. Nicht umsonst nannte ein Evolutionswissenschaftler Gene daher auch »egoistisch«. Gene scheinen nur an sich selbst zu denken. Aber nun ja, Gene denken nicht und sie leben auch nicht. Sie sind Stückchen toter Information, die zufällig aber dennoch einen enormen Einfluss haben auf alles, was lebt. Das wusste dieser Wissenschaftler natürlich auch.

Jetzt weißt du so ziemlich alles, was du wissen musst, um mit dem wichtigsten und schönsten Teil dieses Buches anzufangen: dem Teil, der erklärt, wie das erste Leben entstanden ist und wie sich die einfachsten Zellen auf der Erde schließlich zu all dem entwickelt haben, was heute lebt.

ELIAS SCHLEMMER
FRED SPIEL
EMIL SCHLEMMER
BERNADETTE SCHLEMMER
PETRONELLA SPIEL
TIM GROSS
TONIO GROSS
FRED SCHLEMMER
JEANNE EINSTEIN
MEIKE GROSS
ANDREAS SPIEL
BERT ÜZEN
OTTO GROSS
SANDRA KIEFER
NORMA EINSTEIN
MARYLIN EINSTEIN
ALBERT JR. EINSTEIN
CORNELIS GROSS
JULIA GROSS
EMILY ÜZEN
AMIR ÜZEN
JOHANN GROSS
PATRIZIA KLUMP
KELLY PIEPER
JAN GROSS
HERMANN EINSTEIN
MARILYN MONROE
ALBERT EINSTEIN

— TEIL 7 —

WIE DAS LEBEN AUF DER ERDE ENTSTAND

WELCHES GEHEIMNIS STECKT HINTER FRANKENSTEIN?

In dem Buch *Frankenstein* versucht ein junger Wissenschaftler, tote Dinge zum Leben zu erwecken. Er experimentiert mit ein paar Leichen und erweckt schließlich ein Monster zum Leben ... Eine spannende Geschichte für ein Buch natürlich und für Gruselfilme. Aber in Wirklichkeit ist das totaler Unsinn. Es wird nie gelingen, jemanden zum Leben zu erwecken, der schon seit Tagen tot ist. Es ist einfacher, aus einer Ansammlung von Molekülen, die genauso tot sind wie eine Kiste mit Legosteinen, etwas Lebendiges zu schaffen. Denn das geht wirklich – sonst hättest du diesen Satz jetzt nicht gelesen.

Um zu erklären, wie Leben entsteht, müssen wir ganz zum Anfang der Erde zurück. Damals war die Erde noch dieser knallheiße und giftige Planet, der für keine einzige bekannte Lebensform bewohnbar gewesen sein kann. Und falls es doch schon Leben gegeben haben sollte, dann wurde das in dem Moment ausgerottet, als die Erde mit dem anderen Planeten zusammenstieß. Der Schlag war so heftig, dass nichts ihn hätte überleben können. Aber irgendwann danach ist auf diesem mausetoten Planeten trotzdem Leben entstanden. Und die Wissenschaftler haben sich in den vergangenen Jahrzehnten den Kopf darüber zerbrochen, wie das wohl vor sich gegangen sein könnte. Die ersten Antworten darauf haben sie bereits gefunden.

WAS IST LEBEN?

Bevor wir das Mysterium, wie Leben entstanden ist, klären können, müssen wir erst wissen, was Leben genau ist. Warum lebt Jan Groß aus Diez, aber seine Armbanduhr nicht? Sie existieren beide. Sie bewegen sich beide. Und wenn man einen Felsblock von sechzehntausend Kilo auf sie wirft, funktionieren beide nicht mehr. Es muss also etwas geben, was Jan Groß lebendig macht und seine Uhr nicht.

Ganz zu Anfang dieses Buchs sprachen wir über das Sterben. Alles, was lebt, stirbt. Darin unterscheidet sich das Pantoffeltierchen von einem supermodernen Roboter. Bei Jan Groß ist das auch so: Er kann sterben und seine Uhr kann das nicht. Aber »sterben können« ist natürlich keine ausreichende Beschreibung dessen, was Leben ist. Etwas, das lebt, muss im Laufe seines Lebens noch ein paar Dinge tun. Dinge, die nicht-lebende Dinge nicht können.

Eines der Dinge, die eine Uhr nicht kann, ist sich fortzupflanzen. Jan Groß dagegen kann das. Er ist der Vater seiner Söhne Jan Junior und Bert sowie seiner Tochter Meike. Aber Fortpflanzen allein reicht nicht. Es gibt nämlich auch tote Dinge, die sich selbst vervielfachen können. Denk mal an einen Computervirus – das ist ein Programm, das sich über das Internet von einem Computer auf andere ausbreiten kann. Einmal gab es einen Virus, der auf einem einzigen Computer begann und innerhalb einer Nacht weltweit auf Millionen von Computern zu finden war. So viel zum Thema Fortpflanzung!

WOHER KOMMT DAS ERSTE LEBEWESEN AUF DER ERDE?

Eine Armbanduhr kann außerdem auch nicht essen. Jan Groß muss seine Uhr jeden Tag aufziehen, damit sich die Zeiger immer weiter drehen. Aber es gibt auch Armbanduhren mit Batterien, und dann wird es schon schwieriger. Es sieht nämlich so aus, als würden diese Uhren die Energie aus den Batterien »essen«. Oder denk mal an Autos, die Benzin »schlucken«. Essen allein reicht also auch nicht zur Unterscheidung. Aber wenn es etwas gibt, das sich fortpflanzen kann, das essen und sterben kann, dann hat man es sicher mit »Leben« zu tun. Irgendwann in der Geschichte der Erde ist also aus einer Gruppe lebloser Moleküle ein kleines Wesen entstanden. Ein Wesen, das aß, sich fortpflanzte und starb. So etwas ist natürlich ein gewaltiges Wunder. Denn wie hat dieses Wesen es geschafft, plötzlich einfach so zu leben?

WAS WAR DAS GEHEIMNIS DES ERSTEN LEBENS AUF DER ERDE?

Die Entstehung des ersten Lebens auf der Erde scheint ein noch größeres Wunder, wenn man bedenkt, wie die Welt vor Milliarden von Jahren aussah. Unser Planet war nicht nur eine Ansammlung von giftigen Stoffen bei hohen Temperaturen, sondern wurde auch noch von Blitzen, tödlichem Sonnenlicht und zahllosen Meteoriten heimgesucht. Trotzdem hat gerade diese tödliche Kombination wahrscheinlich für Leben gesorgt, denn nur unter diesen Umständen können Aminosäuren entstehen. Aminosäuren sind Kombinationen aus Molekülen, die Leben ermöglichen. Daraus ist alles gemacht, was lebt. Sie sind die Bausteine aller Zellen, Tiere und Pflanzen. Muskeln zum Beispiel können nicht ohne Aminosäuren auskommen. Daher stopfen sich Bodybuilder mit Aminosäuren voll und hoffen, dass sie schon beim Essen muskulöser werden.

WIE ENTSTEHT LEBEN IN EINEM REAGENZGLAS?

So eine Aminosäure lebt selbst noch nicht, kommt dem aber durchaus schon nahe. Aminosäuren sind so weit von Lebewesen entfernt wie Ton von einer Teetasse. Feuchten Ton muss man zunächst zu einer Tasse kneten und danach brennen. Erst dann ist die Teetasse fertig. Bei Aminosäuren funktioniert das genauso. Aminosäuren müssen zu Eiweißen verbunden werden. Und Eiweiße gibt es nur in lebenden Wesen. Denn Eiweiße braucht man, um Zellen zu bilden. Dummerweise hat irgendjemand sich das Wort »Eiweiß« ausgedacht, sodass man bei dem Wort sofort an das Weiße im Ei denken muss. In Wirklichkeit besteht unser gesamter Körper überwiegend aus Eiweißen, Pflanzen enthalten Eiweiße, Bakterien bestehen aus Eiweißen. Kurz: Eiweiße sind überall und nicht nur in Eiern. Aber tatsächlich befinden sie sich auch im Weißen vom Ei – bloß stecken im Eigelb noch viel mehr Eiweiße!

Okay, genug zu den Eiweißen und zurück zu den Aminosäuren. Wie sind die entstanden? Das wollte Professor Stanley Miller auch wissen. Deshalb bildete er die Erde so in einem Reagenzglas nach, wie sie vor Jahrmilliarden war. Er stopfte allerlei Stoffe, die damals auf der Erde vorkamen, in ein Gemisch giftiger Gase, erhitzte es auf etwa 75 Grad Celsius und bombardierte das Ganze mit Stromstößen, um den Blitz nachzuahmen. Und was geschah? Es entstanden Aminosäuren!

WAS IST DNA UND WARUM KOMMT SIE IMMER IN KRIMIS VOR?

Leider hatte sich der Professor zu früh gefreut. In den letzten Jahren entdeckten Wissenschaftler, dass die Erde nicht so ausgesehen hat, wie er sie in seinem Reagenzglas nachgebildet hatte. Trotzdem war Millers Experiment von unschätzbarem Wert, denn er hat nachgewiesen, dass Aminosäuren unter den richtigen Umständen spontan entstehen können.

Damit kommen wir zu Schritt zwei: Wie entstehen Eiweiße? Ganz einfach: mithilfe von Ribonukleinsäure. Das ist ein Molekül, das Aminosäuren zu Eiweißen verbindet, wie deine Hand Ton zu einer Teetasse formen kann. Es ist eine Art Strang, der wiederum eine Kopie eines Strangs der Desoxyribonukleinsäure ist. Desoxyribo … (Nervt dich das Wort? Wissenschaftler auch, sie haben es deswegen zu DNA abgekürzt. Die Abkürzung kommt dir sicher bekannt vor. Die Macher von Fernsehkrimis sind verrückt danach. Wenn du weiterliest, wirst du verstehen, warum. Ein DNA-Molekül sieht aus wie eine Art Strickleiter, die wie eine Wendel gedreht ist. In der Wissenschaft nennt man das übrigens nicht doppelte Wendel, sondern »Doppelhelix«.) – Kurz und gut: DNA ist für das heutige Leben auf der Erde unverzichtbar.

WIE BAUT MAN SO JEMAND WIE JAN GROSS AUS DIEZ?

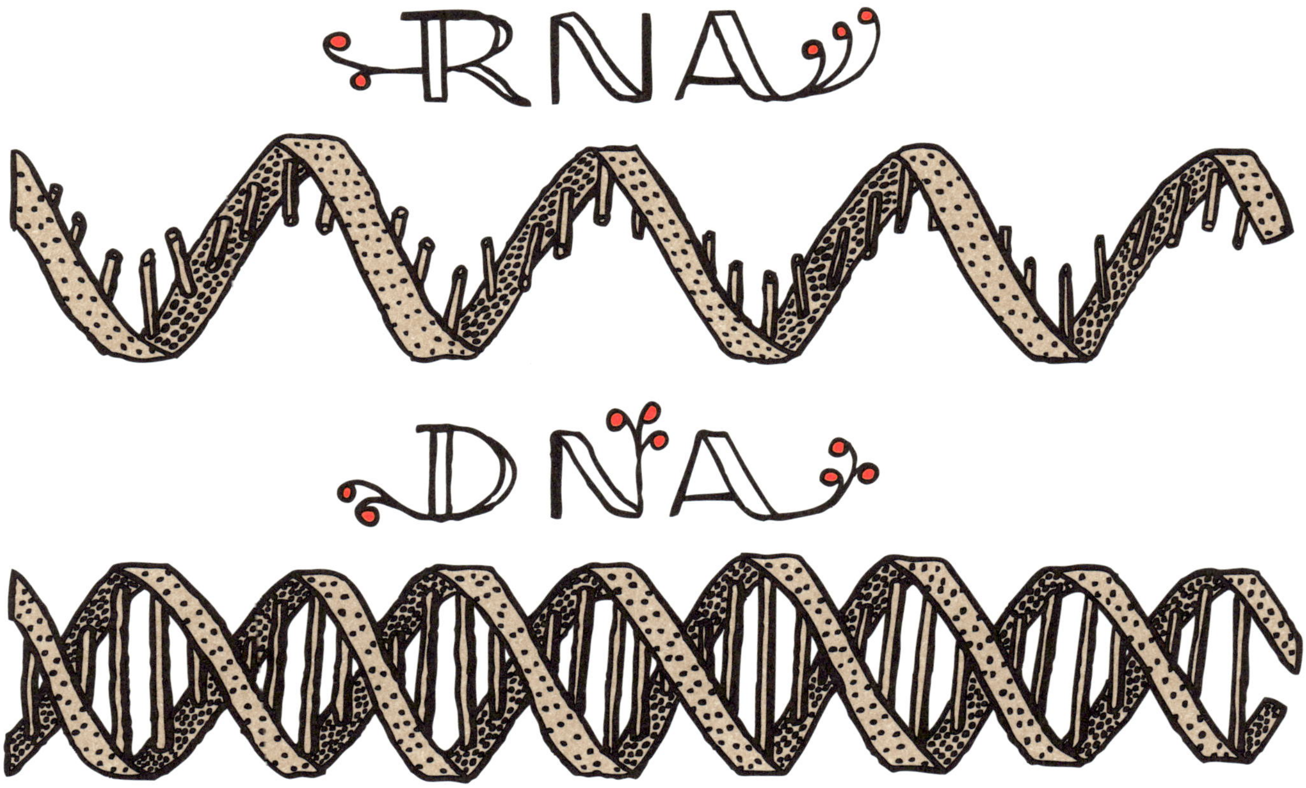

Alle Informationen darüber, wie du aussiehst und wie du gebaut bist, sind in der DNA festgelegt. Manche Menschen vergleichen die DNA mit einem Kochbuch, in dem das Rezept für einen Menschen, ein Tier oder eine Pflanze steht. Andere mit einer Bauanleitung in einem Baukasten. In jedem DNA-Molekül von Jan Groß aus Diez erkennst du also die Anleitung, wie man einen Jan Groß aus Diez bauen muss.

DNA-Moleküle bestehen aus langgestreckten Schlieren von Molekülen. Auf den DNA-Molekülen findest du einen großen Teil deiner Gene. Das sind kleine Stücke dieser Schliere. Vergleiche diese Gene ruhig mit den Waggons eines langen Zugs. Jeder Mensch sieht anders aus und deswegen hat jeder seine eigene DNA. Jetzt verstehst du bestimmt, weshalb DNA die Lieblingsabkürzung jedes Kommissars ist, der einen Mordfall untersucht. In jeder Zelle deines Körpers befindet sich dieselbe DNA. Wenn du also ein Haar des Mörders besitzt und die DNA darin betrachtest, kann man sie mit der DNA eines Verdächtigen vergleichen. Stimmt sie überein? Dann ist der Verdächtige der Mörder.

WAS WAR ZUERST DA: DAS HUHN ODER DAS EI?

DNA-Moleküle befinden sich in jeder lebenden Zelle und sind demnach winzig klein. Trotzdem ist die Schliere eines einzigen Moleküls gut zwei Meter lang, wenn man sie ausrollt! Und du hast so viele Zellen in deinem Körper ... Wenn du *alle* DNA-Moleküle in deinem Körper hintereinander ausrollst, ergibt das eine Strecke von 500 Mal zur Sonne und wieder zurück.

Vor Milliarden von Jahren muss es also Aminosäuren gegeben haben und es müssen auch DNA-Moleküle entstanden sein, die diese Aminosäuren zu Eiweißen verbinden konnten. Das heißt ... äh ... tja ... hm. So einfach kann man das leider nicht behaupten. Denn DNA entsteht nicht von selbst. Dafür braucht man auch wieder bestimmte Moleküle. Ein Mal darfst du raten, welche. Genau: Eiweißmoleküle! Für die Herstellung von Eiweiß brauchst du DNA und du brauchst Eiweiß, um DNA herzustellen. Das ist folglich ein echtes Henne-Ei-Problem. Was war zuerst da: das Huhn oder das Ei? Das Huhn kommt aus einem Ei und das wiederum kommt aus einem ... Huhn. Das Rätsel, wie die DNA entstanden sein kann, ist deswegen das älteste Henne-Ei-Problem der Welt. Leben ohne Eiweiße ist unmöglich. Und Eiweiße ohne DNA sind unmöglich. Also ist Leben ohne DNA unmöglich. Aaaargh!

IST DAS HENNE-EI-PROBLEM JETZT GELÖST?

Wie löst man das Henne-Ei-Problem? Es scheint nicht lösbar. Aber trotzdem wissen wir, dass es eine Lösung geben muss, denn sowohl das Huhn als auch das Ei existieren. Für das DNA-Eiweiß-Problem gibt es sie demnach auch. Die Lösung, die sich am ehesten anbietet, lautet: RNA. RNA (das steht für »Ribonukleinsäure«, wenn du es unbedingt wissen willst) ähnelt der DNA sehr, sie hat auch diese Wendelform, aber keine »Doppelhelix«. RNA enthält wie DNA Informationen über das Leben. Und, ganz wichtig, sie kann sich selbst kopieren. RNA-Moleküle sind die ersten Moleküle auf der Erde gewesen, die für eine »Nachkommenschaft« sorgen konnten. Denn RNA braucht kein Eiweiß, um existieren zu können. RNA kann also zu Beginn des Lebens die Rolle von Eiweißen und DNA gehabt haben. Anschließend ist daraus DNA entstanden, die Eiweiße herstellt. Den definitiven Beweis dafür haben wir noch nicht, aber die Wissenschaftler arbeiten hart daran.

Jetzt taucht das nächste Problem auf, denn wie ist dann die RNA entstanden? Auch RNA ist nämlich ein langes Molekül, das sehr kompliziert gestaltet ist. Es ist ein wenig so, als würde man Milliarden Päckchen mit Buchstabennudeln in den Ozean kippen und so lange warten, bis spontan allerlei Songtexte von Justin Bieber am Strand anspülen. Es ist nicht ganz unmöglich, dass so etwas geschieht, aber doch ist die Wahrscheinlichkeit so klein, dass sie gegen null tendiert.

WIE KANN MAN SELBST STOFFE »ZUM LEBEN ERWECKEN«?

Zum Glück ist es bei der RNA ein klein wenig anders. RNA besteht aus verschiedenen chemischen Stoffen und die müssen sich an bestimmte Regeln der Chemie halten. Manche Moleküle in diesen Stoffen ziehen sich gegenseitig an und andere stoßen einander ab. Vergleiche es ruhig mit Buchstaben, die oft nebeneinander stehen, beziehungsweise Buchstaben, die du nie nebeneinander finden wirst. Wörter wie »FSDG«, »HHRTRGDD« oder »YYTTYIII« wirst du dann nicht finden, aber »OHAB«, »YBABA« und »ABBY« durchaus. Dann ist es wieder ein kleinerer Schritt zu »Baby, baby, baby oh ...«, oder?

Du kannst ein einfaches Experiment durchführen, um zu sehen, wie so etwas funktioniert. Moleküle in ganz normalen Stoffen bilden plötzlich einen Strang und bekommen eine Form, als würden sie leben.

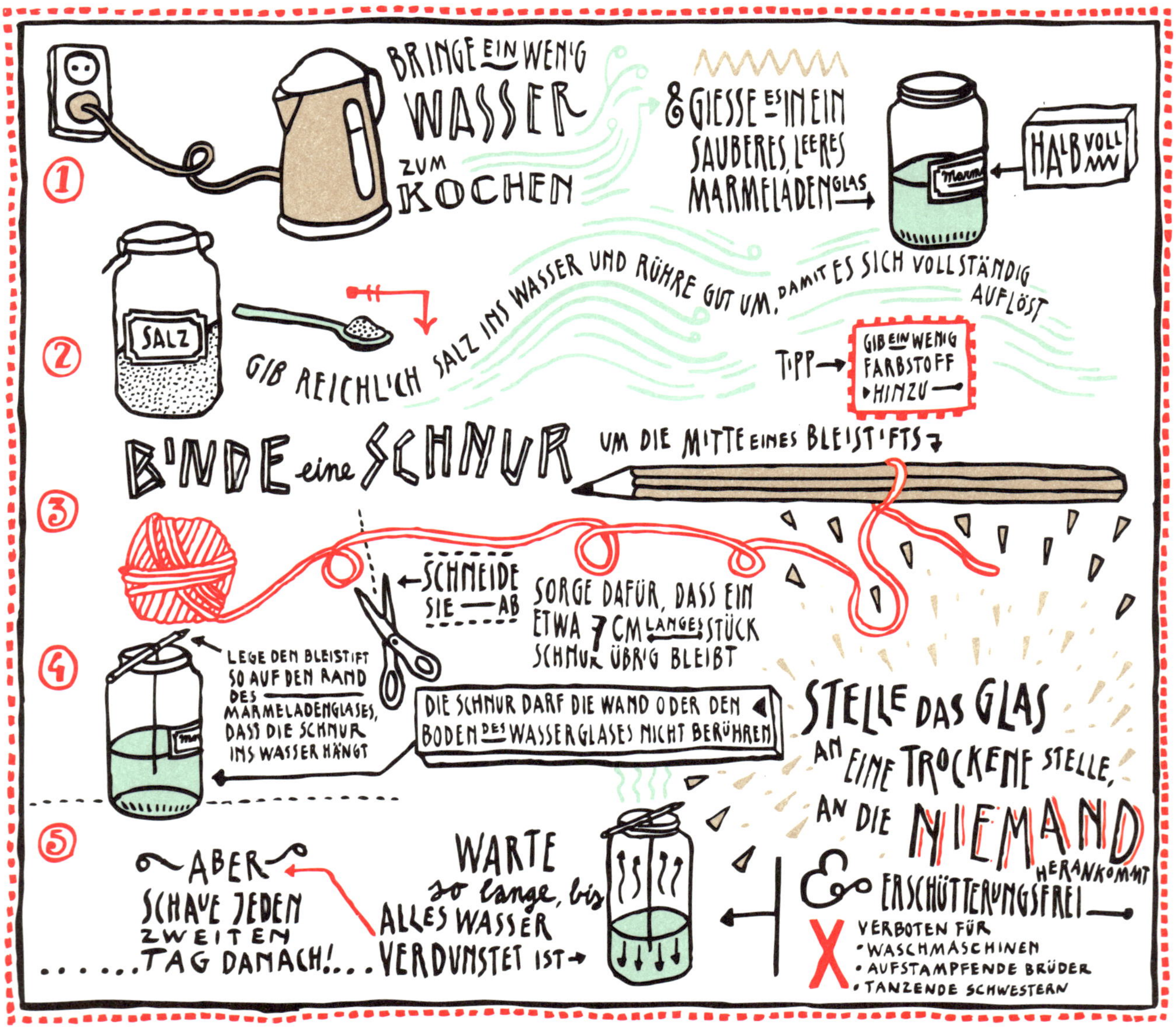

LEBT SALZ?

Was passiert? Ein Salzkristallbäumchen wächst. Während das Wasser verdunstet, kriecht das Salzkristall langsam nach oben, als wäre es ein Lebewesen. In Wirklichkeit lebt da nichts – das Salz befolgt nur die Regeln der Kristallbildung. So funktioniert das mit der Bildung der RNA auch, aber millionenfach komplizierter. Das ist nicht schlimm, denn die RNA hatte schon Millionen Jahre Zeit, sich zu bilden. Wissenschaftler haben inzwischen selbst schon Experimente durchgeführt, um RNA herzustellen. Und? Mit Erfolg! Die RNA ist mit ihrem Einfachstrang ja auch ein klein bisschen weniger kompliziert als DNA. Es kann also fast nicht anders sein, als dass die DNA aus der RNA entstanden ist.

WIE SAH DAS ERSTE LEBEN AUS?

Das einfachste Leben, das wir heutzutage auf der Erde kennen, ist das sehr einfacher Zellen. Aber trotzdem ist auch eine so einfache Zelle ganz schön kompliziert. Sie ist wie ein kleiner Körper. Sie hat einen Zellkern mit DNA-Molekülen und Genen. Das ist so etwas wie das Gehirn der Zelle. Sie hat Bestandteile mit interessant klingenden Namen wie »Ribosomen« und »Mitochondrien«, die man als die Organe der Zelle bezeichnen könnte. Sie hat »Zytoplasma«, was man ganz entfernt ein wenig mit Blut vergleichen könnte. Und sie hat eine Membran, eine Haut, die das alles zusammenhält. Daneben gibt es noch eine ganze Menge unverzichtbare Teile, um die Zelle instand zu halten. Eine ziemlich komplizierte Angelegenheit also. Deswegen ist es undenkbar, dass gleich das erste Leben schon so aussah.

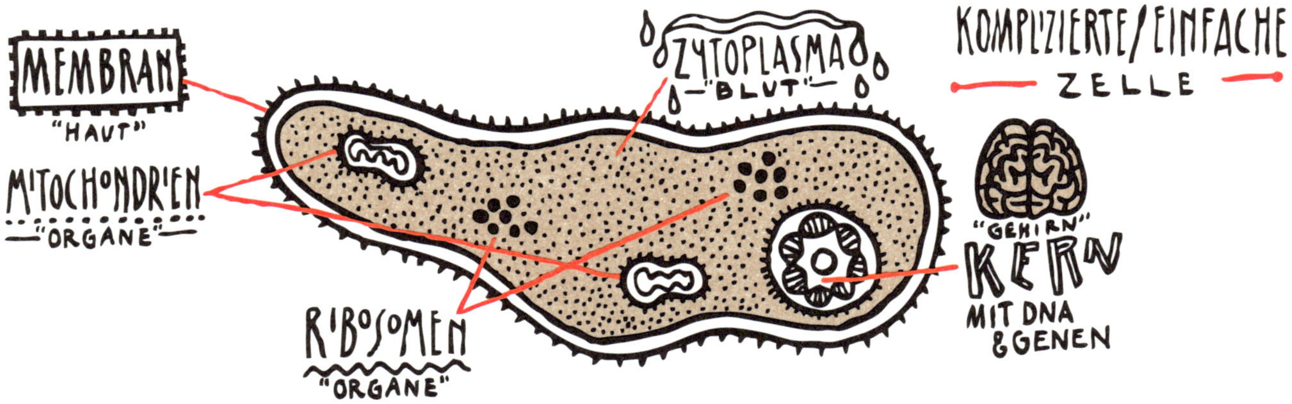

Die ersten Zellen müssen viel einfacher ausgesehen haben. Nicht wie so ein Tütchen mit fix und fertigem Inhalt. Die ersten Zellen hatten keinen Zellkern, keine Mitochondrien und keine Ribosomen. Stattdessen lagen all die Aminosäuren, Eiweiße und RNA- und DNA-Moleküle beisammen. Die RNA- und DNA-Moleküle gaben den Aminosäuren und Eiweißen »Aufträge«. Gemeinsam machten sie, was eine Zelle auch tut: nützliche Stoffe aufnehmen und überflüssige Stoffe abtransportieren. Und neue »Zellen« züchten.

LEBEWESEN ANSCHAUEN, DIE ÄLTER SIND ALS DINOSAURIER?

Diese Stoffe und Moleküle wurden durch Fettsäureschichten zusammengehalten. Fettsäure ist das Material, aus dem Membranen gemacht sind. Die ersten Zellen waren offen, zum Beispiel wie ein Häufchen lebendes Material in einer Schicht Fettsäure in Form des Buchstaben C. Je mehr sich dieses C schloss und dabei einem O immer ähnlicher wurde, desto leichter war es, den ganzen Haufen beieinander zu halten. Schließlich schloss sich die Zelle und alle Bestandteile konnten sich zu gut funktionierenden Ribosomen, Mitochondrien und dem Rest entwickeln.

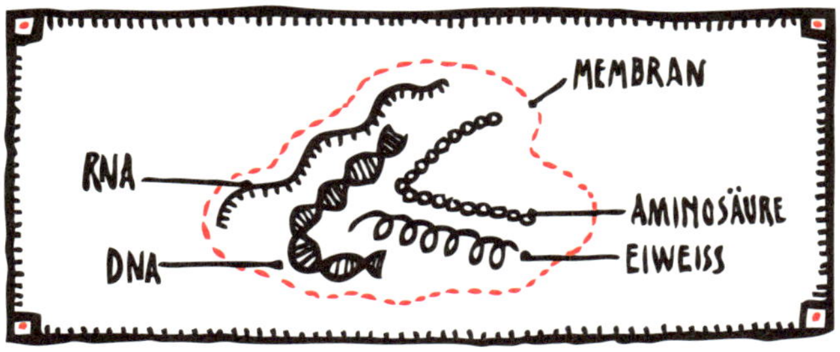

Es gibt noch immer sehr einfache Zellen, die so aussehen wie diese ersten geschlossenen Zellen. Bestimmte Bakterien zum Beispiel. Nicht diese komplizierten Bakterien mit so einer Superluxus-Außenbord-Geißel, denn die sind erst nach Milliarden Jahren der Evolution entstanden. Nein, es waren ganz einfache Zellen ohne Zellkern und Mitochondrien. Diese Zellen arbeiten noch immer so gut, dass sie sich in all den Jahrmilliarden kaum verändert haben. Und sie kommen überall vor. Wenn du also das Leben von vor einigen Milliarden Jahren betrachten willst, brauchst du dir nur ein gutes Mikroskop zu besorgen. Und dann siehst du Wesen, die Milliarden Jahre älter sind als der *Tyrannosaurus rex*. Aber leider weniger spektakulär!

LEIDET DIE ERDE JEMALS AN ÜBERGEWICHT?

Es gibt noch viele Fragezeichen bei der Entstehung des Lebens auf der Erde. Aber wir bekommen doch ein immer besseres Bild davon, wie es gewesen sein könnte. Außerdem habe ich die wahrscheinlichste Erklärung zum Anfang des Lebens auf der Erde noch gar nicht erwähnt. Die hat etwas mit Meteoriten zu tun.

Pass auf! Duck dich! Während du dies liest, wird die Erde mit Material aus dem Weltraum bombardiert. Meteoriten, aber auch Weltraumstaub. Jeden Tag wird die Erde dadurch ein paar Millionen Kilo schwerer. Mach dir keine Sorgen: Die Wahrscheinlichkeit, dass du getroffen wirst, ist verschwindend klein. Außerdem ist die Erde so schwer, dass es auf die paar Kilo nicht ankommt. Wie schwer? Sehr schwer: gut 6000 Trilliarden Kilo! Wie dem auch sei, manche dieser vielen Kilo Meteoriten enthalten Aminosäuren. Und wir wissen ganz sicher, dass diese Stoffe aus dem Weltraum stammen, denn manchmal sind es komplett andere Aminosäuren, als wir sie hier auf der Erde haben.

IST DAS LEBEN AUF DER ERDE DENN WIRKLICH AUF DER ERDE ENTSTANDEN?

Nun ist das Weltall natürlich viel älter als die Erde. Und deswegen ist die Wahrscheinlichkeit, dass die Aminosäuren tatsächlich durch einen solchen Meteoriten auf unsere Erde gekommen sind, ziemlich groß. Zum Beispiel von einem Planeten, auf dem schon vor acht Milliarden Jahren Aminosäuren entstanden waren. Dieser Planet ist danach vielleicht explodiert. Und so könnten ein oder mehrere Bruchstücke mit diesen Aminosäuren für die Grundlage des Lebens hier gesorgt haben.

Das Leben auf der Erde kann also auf unterschiedliche Weise entstanden sein. Auf der Erde selbst, aber auch weiter draußen im Weltall. Das macht es schwieriger, den endgültigen Beweis für den Ursprung des Lebens zu finden. Auf der anderen Seite machen all diese Erklärungen die Entstehung auch weniger besonders und dadurch ein Stück logischer und normaler.

— TEIL 8 —

ÜBERLEBEN IN DEN URMEEREN

WO IST DAS LEBEN AUF DER ERDE ENTSTANDEN?

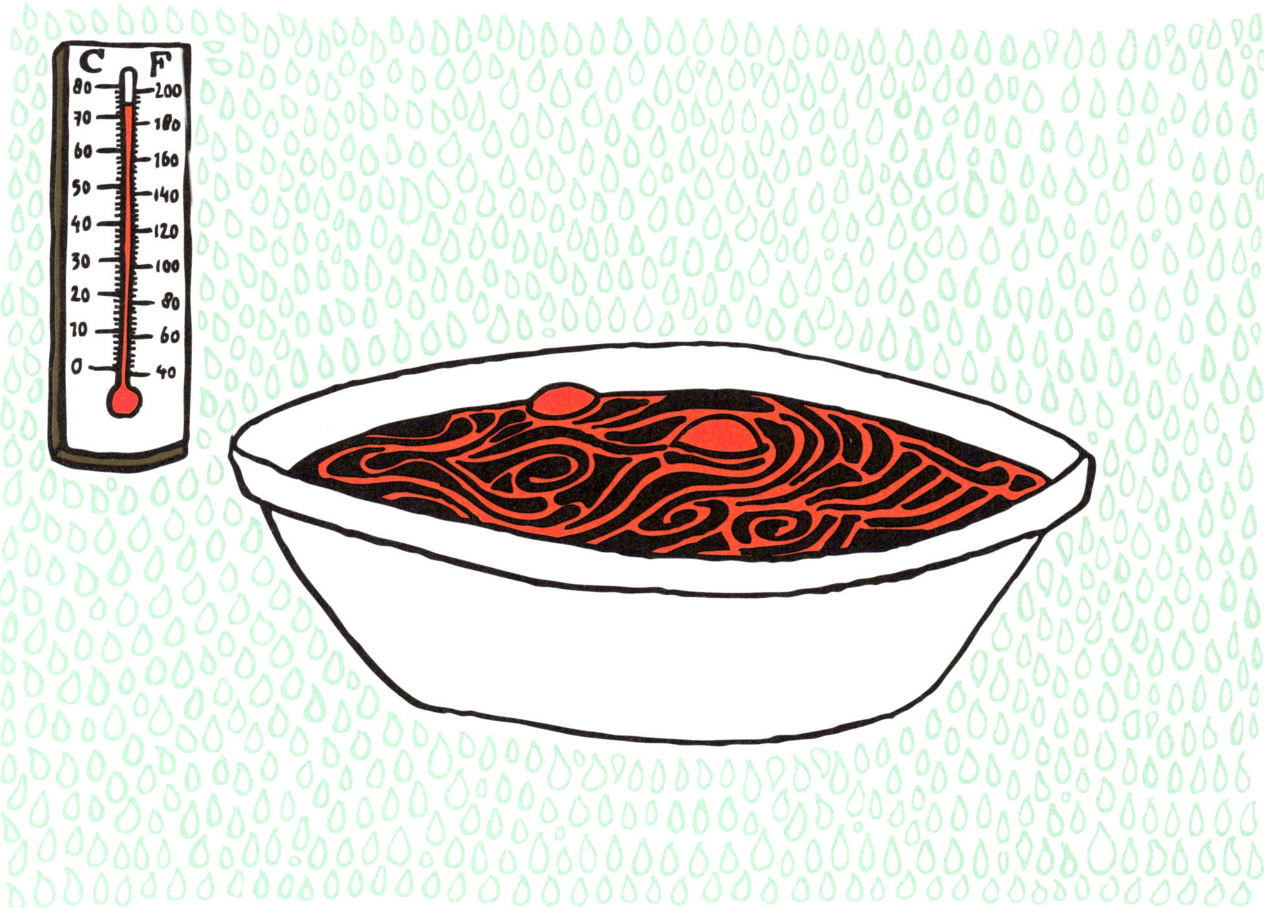

Wir wissen also noch nicht ganz sicher, wie das Leben auf der Erde entstanden ist. Wir wissen auch nicht, wo genau es entstanden ist. Das kann nämlich an mehr als einem Ort passiert sein. Eins ist jedoch sicher: Es war auf jeden Fall eine Stelle, die für Menschen ausgesprochen unangenehm wäre, denn sie musste etliche vertrackte Anforderungen erfüllen.

Zuallererst musste es ziemlich heiß sein – so zwischen siebzig und achtzig Grad. Unterhalb dieser Temperatur passiert zu wenig, als dass die Moleküle Aminosäuren bilden würden, aber oberhalb dieser Temperatur könnten die Moleküle auch wieder zerfallen. Zweitens durfte der Ort nicht im prallen Sonnenlicht liegen. Damals gab es noch keine Gashülle um die Erde, jeder Sonnenstrahl war damit tödlich. Schließlich musste es auch Wasser geben. Das Leben ist in einer Art Ursuppe entstanden und für Suppe braucht man Wasser, wie jeder Koch weiß. Wenn man alle Anforderungen betrachtet, denen dieser Ort entsprechen musste, dann bleiben letzten Endes nur noch ein paar Möglichkeiten. Schauen wir uns die doch mal aus der Nähe an …

1. HAT DAS LEBEN IN BRODELNDEN SCHLAMMPFÜTZEN BEGONNEN?

Bist du zufällig gerade mit einer Schaufel am Strand? Dann kannst du ein Loch graben, das ungefähr 6370 Kilometer tief ist. Du bist dann genau im Mittelpunkt der Erde. Sehr angenehm wird es dort nicht sein, denn es ist mindestens 4000 bis 7000 Grad Celsius warm. Je tiefer du gräbst, desto wärmer wird es. Bei uns ist die Erdkruste so dick, dass wir nichts von dieser Hitze merken. Aber es gibt Gegenden auf der Erde, wo die Kruste sehr dünn ist. Auf Island zum Beispiel. Oder im Yellowstone Park in den USA. An manchen Stellen ist die Erdkruste dort so dünn, dass hin und wieder das Grundwasser fast kochend aus dem Boden spritzt. So entstehen Geysire.

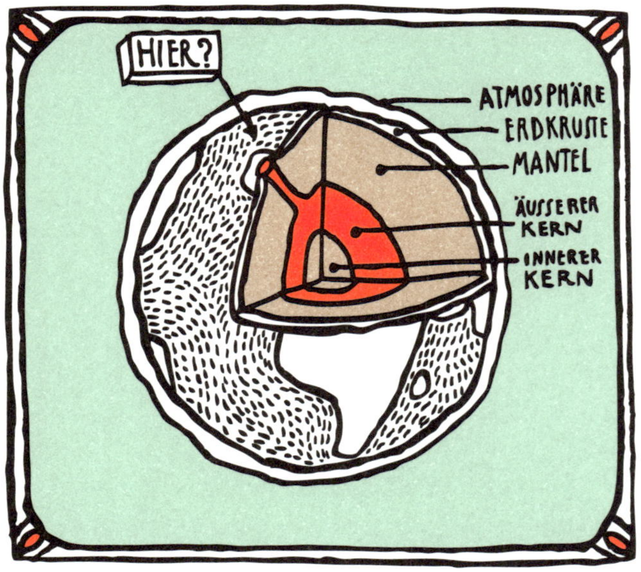

WAS KANN IN EINER DER TÖDLICHSTEN UMGEBUNGEN AUF DER ERDE LEBEN?

Es gibt auch kleine Seen und Tümpel, die erhitzt werden. Manchmal sind das ganz angenehme Tümpel, in denen man im Winter wunderbar baden kann. Aber es können genauso gut stinkende, schlammige Seen sein – Seen, die so sauer sind, dass alles darin verschrumpeln würde, so heiß, dass man ein Ei darin kochen könnte, und so giftig, dass man schon vom Einatmen der über ihnen wabernden Gase benebelt würde. Ideale Örtlichkeiten also für die Entstehung von Leben!

Haha, kann da überhaupt was leben? Na, und ob! Man hat Mikroben (Lebewesen, die so klein sind, dass man sie mit bloßem Auge nicht sehen kann) gefunden, die wunderbar gedeihen bei einer Temperatur von gut 85 Grad und einem Säuregehalt, der ein Fahrrad auflösen könnte. Ganz schön hart im Nehmen, was?

In so einem glühend heißen Schlammtümpel sind schon zwei der drei Bedingungen erfüllt: Es ist warm und es gibt Wasser. Die Sonne dringt in einem so flachen Gewässer allerdings noch durch. Aber das muss kein Problem sein. Diese Tümpel liegen immer in der Nähe von Vulkanen. Die haben in jener Zeit kräftig gespuckt. Gemeinsam haben sie für jede Menge Rauch und Asche gesorgt. So können sie das grelle Sonnenlicht schon sehr gut abgehalten haben. Und siehe da, alle drei Bedingungen erfüllt!

WELCHE LEBEWESEN AUF DER ERDE SIND AM HÄRTESTEN DRAUF?

Forscher haben aus solchen Schlammtümpeln verschiedene Bakterienarten herausgefischt, die zu den ältesten Arten auf der Erde gehören können. Sie haben sogar eine ganz neue Lebensform gefunden, die zuvor noch nicht entdeckt worden war: die Archaeen. Und wenn man von hart im Nehmen spricht, dann kommt man nicht um die Archaeen herum! Sie kommen in den heißesten Quellen vor; manche überleben sogar eine Temperatur von 121 Grad. Andere Archaeen dagegen leben in extremer Kälte. Und wieder andere leben in einer tödlich salzigen, sauren oder einfach rein giftigen Umgebung. Archaeen sind Bakterien sehr ähnlich: Sie sind auch einzellig und genauso klein. Und manche Archaeen haben sogar eine Geißel, aber diese Geißel funktioniert anders. Archaeen sind ganz anders gebaut als Bakterien. Die Evolution kann also auf unterschiedliche Weise zu einem ähnlichen Ergebnis führen. Weiter hinten in diesem Buch findest du dafür noch mehr spektakuläre Beispiele.

Egal wie, aber diese glühend heißen Tümpel könnten durchaus die Quelle allen Lebens auf der Erde gewesen sein.

2. ODER WAR ES DOCH AUF DEM MEERESGRUND?

Wasser, hohe Temperaturen, kein Sonnenlicht – diese Bedingungen findet man auch auf dem Meeresgrund. Nicht überall, aber zumindest dort, wo die Erdkruste am Meeresboden sehr dünn ist. Hier und da ist die Kruste sogar weg und tröpfelt flüssige Lava. Dort ist es glühend heiß. Das Wasser kann ein paar Hundert Grad haben. Kochendes Wasser verdampft normalerweise sofort, aber der Druck des Wassers hält das kochende Wasser flach. Dieser Druck ist so gewaltig, dass es sich anfühlt, als würde man einen 1000 Meter hohen Turm aus randvoll gefüllten Wassereimern auf dem Kopf tragen.

Aber *dort* kann doch nichts leben? So einen Druck überlebt man doch nicht? Oh doch. Auf dem Meeresboden hat man allerlei Lebewesen gefunden, die einfach dort leben, als sei es die normalste Sache der Welt: Archaeen und Bakterien, aber beispielsweise auch Würmer, Schnecken und Garnelen.

Vielleicht begann das Leben also doch auf dem Meeresboden.

3. ODER BEGANN ES VIELLEICHT TIEF IN DER ERDE?

Tief in der Erde stößt man auf Grundwasser. Dort gibt es keine Sonne, aber es ist warm genug. Das ist also auch eine Möglichkeit für die Entstehung von Leben auf der Erde. Aber gibt es dort denn Leben? Ja. Und sogar an Stellen, die noch einen Tick unwirtlicher sind als Meeresböden oder brodelnde Tümpel.

Eine der bemerkenswertesten Lebensformen unter der Erde sind eine Art glibberige Schleimnasen. Die gibt es wirklich. Es sind Bakterien, die in Höhlen wie Rotz von einer Nase tropfen. Sie existieren in einer tödlichen, giftigen Luft und ernähren sich daher auch von giftigen Stoffen. Sie selbst lassen Schwefelsäure zurück. Das ist eine Säure, in der Mörder bisweilen die Körper ihrer Opfer auflösen, damit niemand mehr eine Spur von ihnen findet.

BAKTERIEN MIT EWIGEM LEBEN?

Aber das ist noch gar nichts, verglichen mit anderen Bakterien. Die leben in einem Raum ohne Sauerstoff oder Nahrung, aber randvoll mit giftigen Gasen. Und doch sind sie Weltmeister im Überleben. Sie hocken da schon seit Millionen von Jahren. Wie sie das schaffen? Indem sie so tun, als wären sie tot. Sie essen kaum. Sie bewegen sich kaum und sie pflanzen sich kaum fort. Nur ganz hin und wieder verzehren sie ein Schwefel- oder Eisenmolekül. Und manchmal, ganz selten, ganz ganz selten, verbrauchen sie ein wenig Sauerstoff. Aha! Es gibt also doch Sauerstoff! Nun ... ja und nein. Er ist schon da, aber es ist so wenig, dass man sogar mit den empfindlichsten Geräten der Welt nicht messen kann, wie viel Sauerstoff all die Bakterien zusammen in tausend Jahren verbrauchen.

Die Bakterien stammen aus der Zeit, in der noch Dinosaurier lebten. Sie sind also wirklich ur-uralt. Vielleicht leben sie nicht immer und ewig, aber auf jeden Fall jahrhundertelang. Wie alt das älteste Bakterium ist? Vielleicht eine Million Jahre. Bakterien werden so alt, weil sie so wenig essen. Ein Mensch verbraucht innerhalb von zwei Monaten sein eigenes Gewicht an Lebensmitteln, aber so ein Bakterium braucht dafür mindestens tausend Jahre.

So gibt es also drei Möglichkeiten, wo das Leben auf der Erde begonnen haben könnte.

WAS GAB ES NEUES UNTER DER SONNE?

Es gab also Leben! Und von dem Moment an ging es schnell mit den Nachkommen dieser Heißwasserzellen. Die Kleinen eroberten die ganze Welt, sie waren nicht mehr aufzuhalten. Manche Einzeller blieben, wo sie waren, andere passten sich im Laufe der Jahrmillionen an, sodass sie etwas normalere Temperaturen ertragen konnten. Wieder andere landeten stattdessen in der Kälte. Aber wo man auch hinkam – die Ozeane wimmelten vor einzelligem Leben. Und danach?

Danach passierte nichts.

Und danach passierte wieder nichts.

Und danach passierte Millionen Jahre hintereinander ü-ber-haupt nichts.

Ja natürlich, die Einzeller pflanzten sich durchaus fort und es entstanden allerlei neue Arten. Aber du musst zugeben, so richtig spektakulär ist das alles nicht. Hunderte Millionen Jahre lang war die Erde eine Domäne der Mikroben, die nichts anderes taten als ein wenig herumzudümpeln, zu essen und sich fortzupflanzen. Und dann noch einmal Hunderte Millionen Jahre lang …

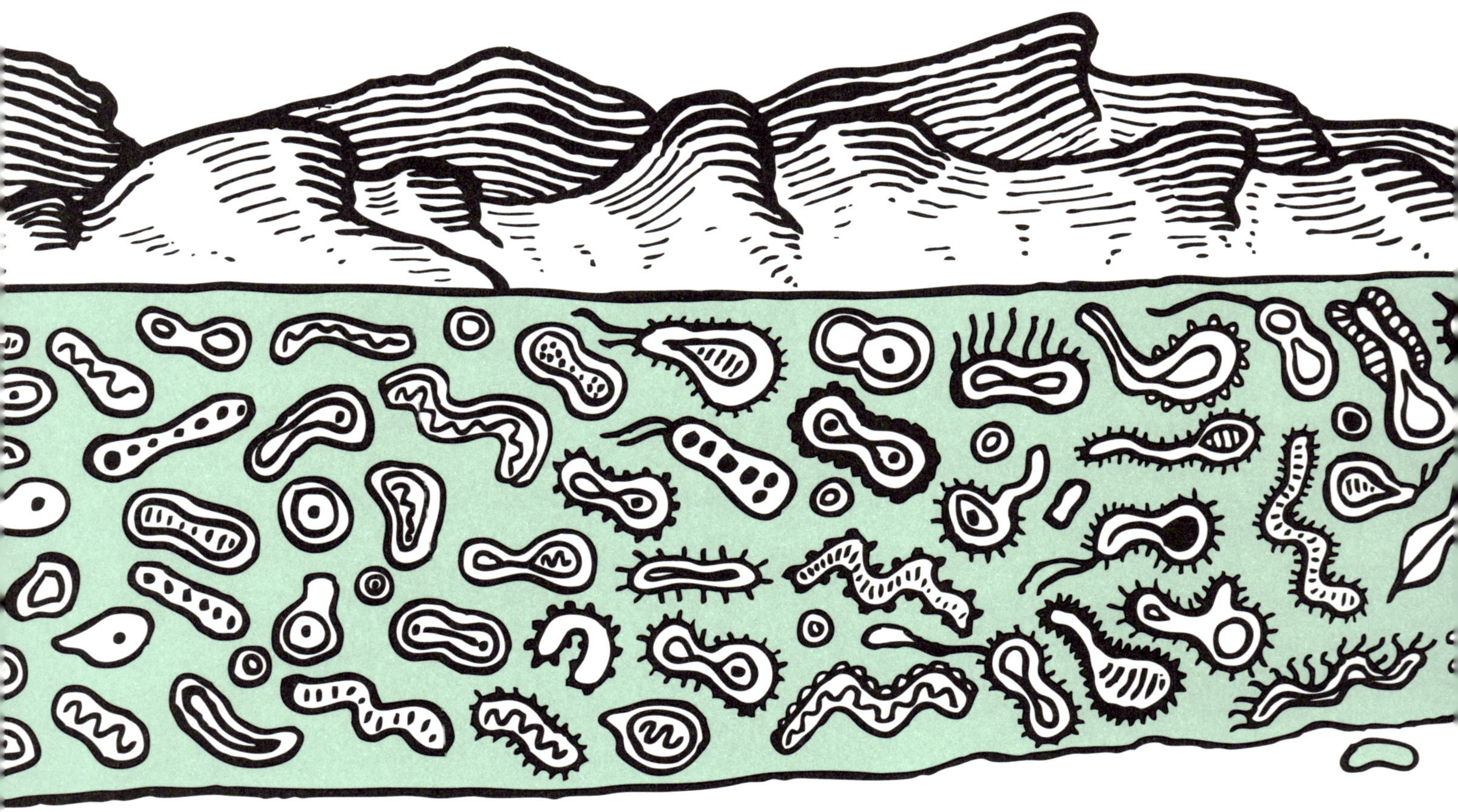

JAHRMILLIONEN ALTE MAULWURFSHÜGEL?

Dieser lange Zeitraum gab den Einzellern die Chance, komplizierter zu werden. So bekamen sie allmählich winzig kleine Haare, die schließlich zu der verfeinerten Geißel führten. Und es kam zu einer ganz anderen Art von Wesen, das seine Energie und seine Nahrung nicht nur aus den Stoffen seiner Umgebung zog, sondern auch aus dem Sonnenlicht. Die Sonne, die Millionen Jahre lang nur für Tod und Verderben gesorgt hatte, wurde für manche Zellen zur Quelle des Lebens. In Australien sind noch Spuren dieser allerersten Sonnenanbeter auf der Erde zu finden: Stromatolithen. Sie sehen aus wie versteinerte Riesenchampignons oder Kuhfladen. Das sind millionenhafte Ansammlungen von Einzellern auf einem Haufen. Die Zellen klebten aneinander und bildeten so eine Art lebenden Maulwurfshügel. Die alten, toten Zellen versteinerten und immer wieder kam an der Außenseite eine Schicht neue Zellen hinzu. So konnten sie zu ordentlichen Brocken heranwachsen – groß genug, um rund drei Milliarden Jahre später als Fossilien gefunden zu werden. Und … als Lebewesen! Denn die Stromatolithen sind nicht ausgestorben, man kann sie noch immer an einigen Orten auf der Erde finden.

WER WAREN DIE GRÖSSTEN UMWELTVERSCHMUTZER AUF DER ERDE?

Außer den Stromatolithen gab es noch mehr Arten, die ihre Energie aus dem Sonnenlicht zogen. Weil die Sonne jeden Tag scheint, ist das ziemlich praktisch. Die meisten pflanzlichen Lebensformen, die wir heutzutage kennen, wie Bäume, Algen und Seetang, leben von der Sonne. Und sie alle stammen von diesen ersten einzelligen Sonnenanbetern ab.

Die Sonnenenergie verschaffte diesen neuen Arten viele Vorteile. Sie verbreiteten sich daher auch rasend schnell. So schnell, dass ein riesiges Problem entstand: Die neuen Arten stießen alle zusammen ein gefährliches Gas aus, das den Erdball vergiftete. Das waren die ersten Umweltverschmutzer auf der Erde. Der Ausstoß dieses Gases war so schlimm, dass er fast alles Leben auf dem Planeten vernichtete. Und dieses tödliche, vernichtende, giftige Gas war …? Sauerstoff. Genau derselbe Sauerstoff, von dem heutzutage so ziemlich alles Leben auf der Erde abhängt. Des einen Ausstoß ist des anderen Tod – und wieder eines anderen Brot …

WIE WIRD EIN BAKTERIUM ZUM BLAUWAL?

Trotzdem hat der Sauerstoff damals nicht alles Leben ausgerottet. Das ist auch nicht so leicht, nicht einmal mit dem stärksten Gift. Bauern, die ihre Saat mit Gift vor Ungeziefer schützen, wissen, dass jedes Mittel nur kurzfristig hilft. Zu Anfang werden zwar nahezu alle Tiere daran sterben, aber es gibt immer noch ein paar Tiere, die etwas länger leben. Die sorgen dann wieder für Nachkommen mit denselben Genen. Diese Tiere werden auch länger leben und ein paar von ihnen werden sogar noch etwas länger leben. Das geht so lange weiter, bis die Tiere gar nicht mehr an diesem Gift sterben. Mit dem Sauerstoff war das vor vielen Jahrmillionen genauso. Es gab Bakterien und Archaeen, die lernten, damit zu leben. Und von diesen Einzellern stammen alle Fische, Reptilien, Vögel und Säugetiere auf der Erde ab – vom winzig kleinen Blaualgenbakterium bis zum majestätischen Blauwal.

Etwas so Kleines wie ein Bakterium braucht eine sehr wichtige Eigenschaft, um sich zu etwas so Großem wie einem Wal weiterentwickeln zu können: Es muss zusammenarbeiten können. Überleg mal: Alle Zellen sind klein. Es gibt keine Riesenzellen. Die größten Zellen kann man gerade noch mit bloßem Auge sehen. Größere Zellen als diese wirst du nirgends finden. Wenn du also wirklich wachsen willst, musst du aus mehr Zellen bestehen. Während der ersten hundert Millionen Jahre der Evolution war das unmöglich. Aber dank des neuen Sauerstoffs ging das auf einmal!

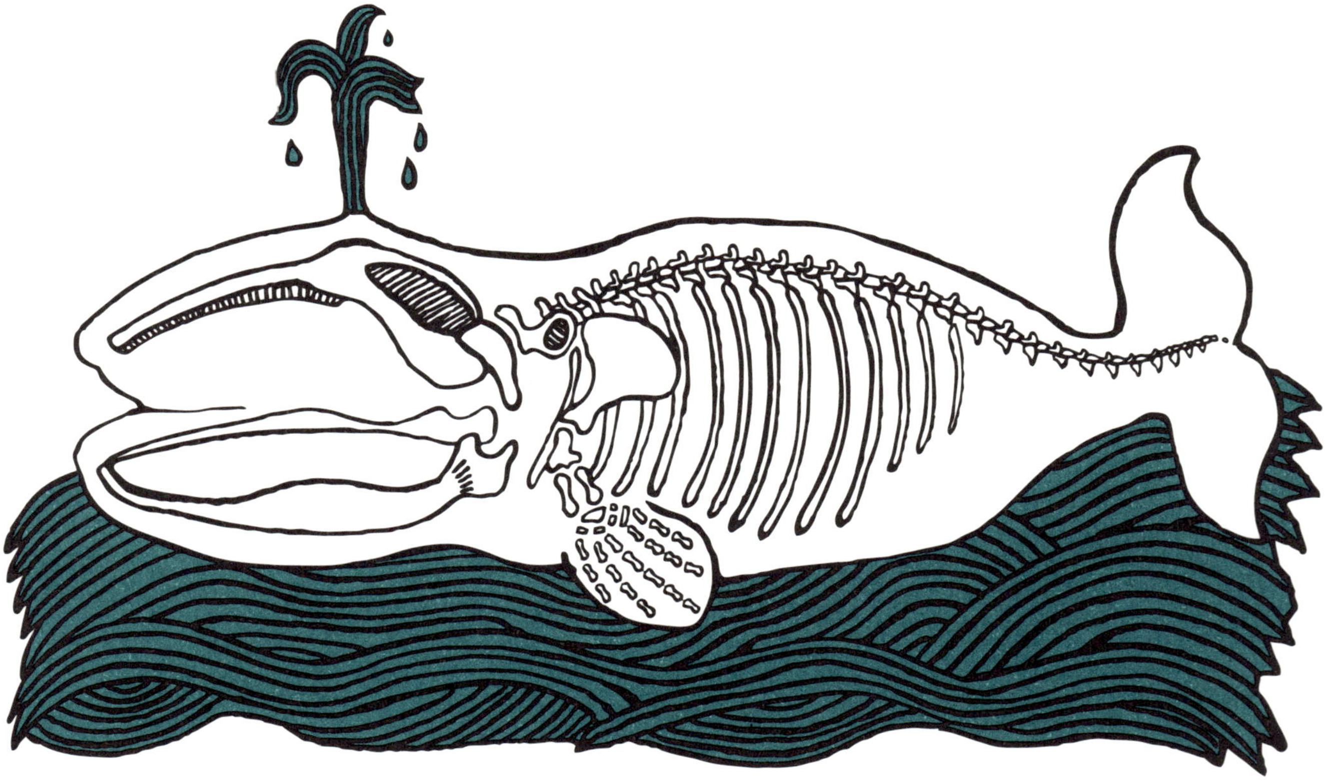

WAS PASSIERT, WENN MAN EINEN SCHWAMM DURCH DEN FLEISCHWOLF DREHT?

Dank des Sauerstoffs entstanden plötzlich ganz neue Eiweiße und dadurch konnten wieder allerlei neue Zellen gebildet werden. Manche dieser Zellen enthielten den Stoff Kollagen, eine Art Leim. Dadurch bleiben die Zellen aneinander kleben und können zu einem größeren Ganzen aus Zellen wachsen. So bekommt man also Bäume, Wale, Pilze und natürlich Jan Groß aus Diez. Kollagen ist eines der am häufigsten vorkommenden Eiweiße in der Tierwelt.

Ein schönes Beispiel zusammengesetzter Tiere sind Schwämme. Sie gehören zu den ältesten mehrzelligen Tieren, die es gibt. Bei Schwämmen sieht man sehr gut, wie sich der Übergang von einzellig zu mehrzellig vollzogen hat. Denn Schwämme haben nur ein paar Arten von Zellen. Sie haben keine Nase, kein Herz oder Gehirn (und schon gar keine Augen oder eine viereckige Hose – es gibt aber tatsächlich einen Pilz, der *Spongiforma squarepantsii* heißt und wirklich nach Spongebob Squarepants benannt worden ist). Die meisten Schwammzellen erfüllen dieselben Aufgaben. Das entdeckst du, wenn du ein Experiment mit einem lebenden Schwamm durchführst: Du kannst einen solchen Schwamm nämlich zerschneiden und durch den Fleischwolf drehen. Dieses »Schwammhackfleisch« kannst du anschließend durch ein Sieb drücken. Und das Durchgesiebte kannst du danach noch mit einem Mixer pürieren. Wenn du diesen Brei dann in einen Behälter mit Wasser legst und ein paar Wochen wartest, entsteht ein vollkommen neuer Schwamm. Alle Zellen klumpen einfach wieder zusammen, als wäre nichts gewesen.

WIE MACHT MAN EINEN GIPSABDRUCK VON SPUCKE?

Mehrzellig zu sein hat große Vorteile. Schwammzellen können zusammenarbeiten. Sie können sich, ohne von der Strömung weggetrieben zu werden, an einer geeigneten Stelle im Wasser zum Beispiel an einem Felsen festheften und so leichter Nahrung aus dem Wasser filtern. Jede Zelle profitiert also vom Vorhandensein der anderen Zellen. Einigkeit macht stark. Aber so eine Zusammenarbeit ist noch viel sinnvoller, wenn die Zellen ihre eigenen Aufgaben haben. Eine Fußballmannschaft mit einem Torwart, mit Stürmern und Verteidigern hat mehr Erfolg als eine Mannschaft, die nur aus Torwarten oder Stürmern oder Verteidigern besteht. Ein Mensch mit zwei Augen, einer Nase, einem Mund und einem Herzen ist praktischer zusammengesetzt als ein Mensch mit tausend Augen und fünfzehn Nasen, aber ohne Mund. Für Lebewesen mit unterschiedlichen Zellarten gilt das genauso.

Ein Tier mit vielen unterschiedlichen Zellen hat also Vorteile gegenüber einem Tier mit nur einigen Zelltypen, wie dem Schwamm. Aber wie entsteht so ein Tier? Wie sahen die ältesten Beispiele für solche Tiere aus? Um das herauszufinden, muss man Fossilien finden und das ist schwierig. Wenn man Jahrmillionen alte Dinosaurier ausgräbt, findet man nie Herz, Zunge oder Gehirn, sondern nur die harten Bestandteile: Knochen und Zähne. Wie Muschelschalen übrigens, denn die sind genauso hart. Deswegen kann man zahllose Muscheln und Schneckenhäuser finden, die Millionen Jahre alt sind, auch wenn die Tiere, die darin wohnten, schon längst verrottet sind. Aber die ersten Tiere hatten noch keine Knochen oder Schalen. Sie waren ziemlich schlaff und weich. Es muss fast ein Wunder geschehen, wenn aus so einem Tier ein Fossil werden soll. Als wollte man einen Gipsabdruck von Spucke machen. Das geht nicht so einfach. Aber es ist möglich!

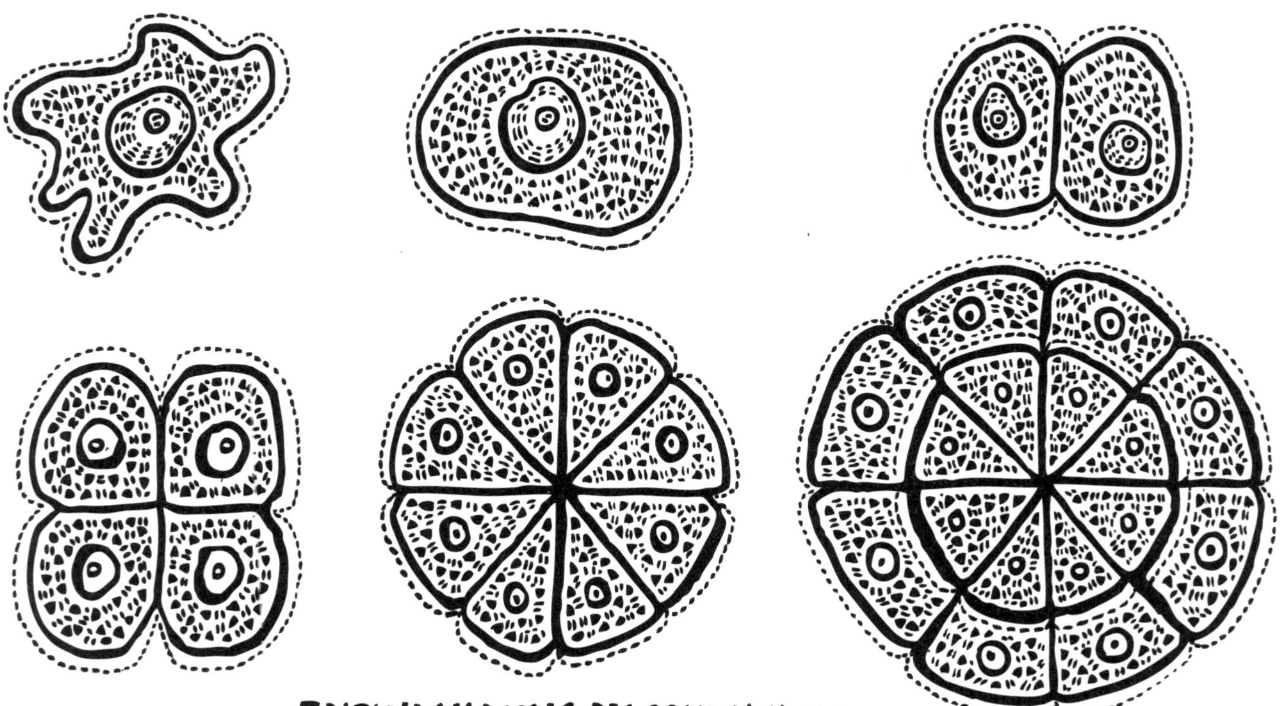

ENTWICKLUNG DES SCHWAMMS

WIE ENTSTEHT EIN QUALLENFOSSIL?

Angenommen, im flachen Wasser leben kleine Tiere und in der Nähe kommt es zu einem Vulkanausbruch, bei dem Millionen Kilo Asche in die Luft geschleudert werden. Diese Asche landet im Wasser und bedeckt abgestorbene Tierchen auf dem Meeresboden, an dem keine Strömungen, aber lebensfeindliche Bedingungen herrschen. Die Schicht wird zu einer Art ganz feinem Schlamm, der sich im Laufe von Millionen Jahren verfestigt. So etwas ist regelmäßig passiert. Nur liegen die Fossilien dann in einer dicken Gesteinsschicht und sind an der Oberfläche nicht sofort erkennbar. Aber wenn die Steine zum Beispiel durch die Einwirkung von Wasser, Eis oder aufwirbelndem Sand geschliffen werden, können die Fossilien plötzlich wieder sichtbar werden.

WELCHE ENTWICKLUNGEN MACHTEN DAS HEUTIGE LEBEN ERST MÖGLICH?

Dank der ältesten Fossilien wissen wir genau, wie sich das Leben vom Schwamm bis zu Jan Groß aus Diez entwickelte. Es ist, als wären immer neue »Erfindungen« dazugekommen, die das Leben auf der Erde beständig verfeinerten. So zeigen Fossilien, dass Quallen zu den ältesten Tieren auf der Erde gehören. Quallen sind bereits etwas weiter entwickelt als Schwämme. Zwar besteht eine Qualle noch zum größten Teil aus ein und derselben Zellenart, aber es sind schon eine ganze Menge mehr als bei Schwämmen. Quallen haben zum Beispiel muskelähnliches Gewebe, mit dem sie sich bewegen können. Die ersten Quallen waren noch ziemlich einfach gebaut. Sie hatten keine Vorder- oder Rückseite, kein Gehirn und kein Richtungsgefühl. Aber im Laufe der Evolution bekamen Quallen etwas sehr Wichtiges: lichtempfindliche Zellen. Zellen, die den Unterschied zwischen hell und dunkel wahrnehmen konnten. Das war der erste Schritt in Richtung Augen, auch wenn der Weg dorthin noch weit war. Denn zum Sehen benötigt man nicht nur Augen, sondern auch ein Gehirn. Und das hatten diese Quallen nicht.

WIE ÜBERLEBT MAN OHNE HINTERN?

Manche Quallen bekamen im Laufe der Zeit sehr wohl eine Vorder- und eine Rückseite. Sie veränderten sich langsam in flache, langgestreckte Tiere: Plattwürmer. Diese hatten sogar eine Art kleines Gehirn und lichtempfindliche Zellen, mit denen sie Licht von Dunkelheit unterscheiden konnten – die ersten Tiere, die wirklich sehen konnten. Trotzdem haben Quallen und Plattwürmer ein Problem: Sie fressen nämlich durch dieselbe Öffnung, durch die sie die Nahrung auch wieder ausscheiden ... Nahrung gleichzeitig aufnehmen und ausscheiden ist dann sehr unpraktisch. Und unappetitlich natürlich. Aber letzten Endes entwickelten sich manche Plattwürmer zu Würmern, die so rund waren wie ein Strohhalm, und die konnten mit einem Mund essen und über einen Hintern ausscheiden. Viele Leute denken übrigens, dass man zwei Würmer bekommt, wenn man einen Regenwurm in der Mitte teilt. Unsinn! Die Würmer ringeln sich nur noch kurze Zeit und sterben dann. Warum? Weil man nur mit einem Mund oder nur mit einem Hintern nicht überleben kann.

Zu Zeiten der Einzeller verlief die Evolution noch extrem langsam. Als die Würmer herumkrochen, ging es schon ein wenig schneller. Danach kamen im Höllentempo allerlei neue Arten hinzu. Eine der Ursachen lag darin, dass sich die Erde erwärmte. Tausende Jahre lang war unser Planet furchtbar kalt gewesen. Manche Wissenschaftler denken sogar, dass die Erde zu einem bestimmten Zeitpunkt ein einziger großer, von den Polen bis zum Äquator mit Eis bedeckter Schneeball gewesen sein muss. Nur im wärmeren Wasser unter der Eisschicht war noch Leben. Und auch *im* Eis, denn viele Bakterien können gefrieren und nach dem Auftauen ganz normal weiterleben. Dennoch war die Erwärmung der Erde nicht die wichtigste Ursache für die plötzliche »Artenexplosion«. Das war der Sex. Aber bevor ich dazu etwas erzählen kann, musst du erst wissen, wie auch *ohne* Sex Junge auf die Welt kommen können.

WIE ÜBERLEBT MAN OHNE SEX?

Kein Vogel, kein Kaninchen oder Rüsselkäfer wird geboren, ohne dass seine Eltern »es« getan haben. Trotzdem ist Sex nicht die einzige Möglichkeit der Fortpflanzung. Die ersten Lebensformen auf der Erde hatten noch keinen Sex. Alle neuen Zellen, Quallen und Plattwürmer entstanden ohne Väter und Mütter. Eine Zelle teilte sich einfach in zwei Zellen, die sich auch wieder teilten. Und ein Plattwurm teilte sich in zwei Teile – nicht quer, sondern längs, damit beide Hälften einen Mund und einen Hintern hatten. Diese Hälften wuchsen dann zu neuen, großen Plattwürmern heran. An Quallen wuchsen allerlei Polypen, die losließen und zu neuen Quallen heranwuchsen. Das bedeutete, dass jedes Quallen- oder Plattwurmkind eine genaue Kopie seines Elternteils war.

DNA bestimmt, wie ein Lebewesen aussieht und wie es sich verhält. Wenn sich ein Tier teilt, um sich fortzupflanzen, haben die »Kinder« noch immer dieselbe DNA. Man sollte meinen, dass es dann nie zur Evolution kommen kann. Aber das stimmt nicht.

WIE VERÄNDERTE SEX DIE WELT?

Mach doch mal ein haarscharfes Foto von einem haarscharfen Foto. Das neue Foto wird genauso aussehen wie das alte. Und dann mach wieder ein Foto von diesem neuen Foto. Das sind zwei exakte Kopien. Mach das noch etwa einhundert Mal und vergleiche dann das letzte Foto mit dem ersten. Sie unterscheiden sich ziemlich voneinander, während du zur jeweils vorigen Kopie keinen Unterschied siehst. Bei der DNA ist das genauso: Jeder Plattwurm sieht aus wie sein Vorfahr. Aber die DNA verändert sich im Laufe der Zeit manchmal ein ganz klein wenig. Beim Kopieren entstehen minimale Fehler, die nicht weiter auffallen. Aber in Hunderten oder Millionen von Jahren können sie zu riesigen Unterschieden führen.

Wenn man *zwei* Elternteile hat, geht es plötzlich viel schneller. Du brauchst deiner Mutter oder deinem Vater gar nicht mehr zu gleichen wie ein Ei dem anderen. Vielleicht hast du die lange Nase von deinem Vater oder die Himmelfahrtsnase von deiner Mutter oder irgendetwas dazwischen. Du hast nur die Hälfte der Gene von deinem Vater oder deiner Mutter, ein Viertel stammen von deinen Großeltern und ein Achtel von deinen Urgroßeltern. So können also sehr viel schneller allerlei Unterschiede entstehen.

WIE ÜBERLEBT MAN OHNE MORD UND TOTSCHLAG?

Plötzlich kamen enorm viele Arten hinzu. Und das war der Beginn einer Explosion von noch mehr Arten. Arten mit Flossen, mit Muskeln oder mit Tentakeln zur Fortbewegung. Die Neuen wurden immer aktiver. Und wenn man sich viel bewegt, verbraucht man ständig Energie. Ein durchschnittlicher erwachsener Mann braucht an einem normalen Tag rund 2500 Kilokalorien. Das entspricht zwölf Broten mit Schokoaufstrich. Ein Radrennfahrer verbraucht an einem Tag mit einer schweren Etappe gut 9000 Kilokalorien. Das wären 42 Brote mit Schokoaufstrich. Bewegung macht also viel aus. Die ersten Tiere auf der Erde bewegten sich noch nicht viel. Eigentlich kannten sie nur drei Geschwindigkeiten: langsam, extrem langsam oder Stillstand. Diese Tiere waren mit einem Häppchen zufrieden. Aber bei den Neulingen war das anders. Die mussten sich auf die Suche nach dem Essen mit dem höchsten Nährwert machen. Welche Nahrung enthält die meiste Energie? Ein paar Blättchen Salat liefern nur ein paar Kalorien. Und für die ersten Tiere reichte das vollkommen aus; die konnten einfach pflanzliche Nahrung zu sich nehmen. Aber die neuen Tiere brauchten mehr Energie, deshalb fraßen sie ... andere Tiere. Das waren die ersten Mörder! Oder besser gesagt: Es waren Raubtiere. Tierische Nahrung enthält weit mehr Kalorien als pflanzliche. Für 100 Kilokalorien muss man zwei große Salatköpfe essen. Aber in hundert Gramm Rinder-Minutensteak steckt genauso viel. (Eine Kuh muss deshalb etwa 90 Kilo Gras pro Tag fressen, während einem Löwen schon ein paar Kilo Fleisch reichen.)

NAHRUNGSKETTE

WIE HÄTTE EIN ZOO VOR 550 MILLIONEN JAHREN WOHL AUSGESEHEN?

Die Raubtiere hatten einen ungeheuren Einfluss auf die Geschwindigkeit der Evolution. Welche Raubtiere hatten die größte Überlebenschance? Die schnellsten, besten und gefährlichsten. Und welche Beutetiere hatten die größte Überlebenschance? Die mit dem besten Schutz, der besten Tarnung oder der besten Verteidigung. So wurden Raubtiere immer schneller, besser und gefährlicher und die Beutetiere entwickelten sehr verschiedene Verteidigungstechniken. Das führte zu allerlei vollkommen neuen Tieren.

Angenommen, es hätte einen Zoo gegeben (na ja, ein großes Aquarium, denn alles Leben spielte sich ja noch im Wasser ab) – welchen Tieren würdest du dann begegnen? Nun, diesen zum Beispiel:

① OPABINIA
Das war ein bizarres Raubtier mit einer Länge von etwa acht Zentimetern und fünf Augen. Als Mordwaffe hatte es eine Greifklaue am Ende seines Rüssels.

② WIWAXIA
Eines der ersten Tierchen mit schützenden Schuppen und Stacheln. Es war ein paar Millimeter bis gut fünf Zentimeter groß.

③ KIMBERELLA
Wissenschaftler streiten sich noch über die Frage, ob es nun eine Art Qualle gewesen ist oder vielleicht ein Weichtier wie eine Schnecke. Es war vermutlich keins von beiden, sondern etwas dazwischen. Das Besondere an diesem Tierchen ist, dass es eine Art Schild gehabt hat. Noch nicht so hart wie bei Muscheln oder Krabben, sondern weich und biegsam.

④ HOLOTHURIA
Seltsame, weiche Tiere mit einer merkwürdigen Verteidigungstechnik. Wenn sie in Not waren, mussten sie alles ausscheiden. Und sie hörten nicht mehr auf! Sogar wenn die Därme leer waren, machten sie weiter – mit den Därmen selbst und einem Teil der Eingeweide. Ein Raubtier, das sie belagerte, war dann völlig verblüfft und fraß eben die ausgestoßenen Innereien. *Holothuria* lebte einfach weiter, die Eingeweide wuchsen später von selbst wieder nach. (Woher wissen wir das eigentlich? Hat man Fossilien einer kackenden *Holothuria* gefunden? Nein, sie leben noch heute: Wir nennen sie Seegurken!)

⑤ HALLUCIGENIA
Was das wohl für ein Tier war? Die Fachleute konnten sich wieder nicht einigen. Es hatte zwei Reihen mit Füßen und wabbelige Auswüchse auf dem Rücken. Sie konnten es nicht einordnen und nannten es daher *Hallucigenia* – nach den Wahnbildern, die entstehen, wenn man zu viele Drogen nimmt. Und was war? Sie hatten das Tier falsch herum gehalten. Die »Füße« waren schützende Stacheln auf seinem Rücken und die wabbeligen tentakelartigen Auswüchse seine echten Füße.

⑥ SPRIGGINA
Für jene Zeiten ein hypermodernes Tierchen. Es hatte vermutlich eine Nase, Augen und in deren Nähe noch einmal Augen. Es war eines der ersten Tiere, das seine Nahrung sehen und riechen konnte, bevor es einen Bissen nahm. Für uns klingt das normal, aber damals war das eine sensationelle Verbesserung. Manche Wissenschaftler glauben, es sei ein Raubtier gewesen.

⑦ ANOMALOCARIS
Auch dieses Fossil stellte die Wissenschaftler vor ein Rätsel. Sie fanden erst jede Menge Tiere, bei denen sie überhaupt nicht verstanden, wie sie gebaut waren. Erst viel später machte es Klick: Das waren nicht alles verschiedene Tiere, sondern sie bildeten gemeinsam ein mindestens ein Meter langes Monster. Es ähnelte ein wenig dem Fangschreckenkrebs. Das ist eine Art Garnele mit einem Schlagbein, so etwas wie ein kleiner Vorschlaghammer. Damit wird die Beute mit der Geschwindigkeit einer Kugel erschlagen.

Jagen und Verteidigen. Jagen und Ausweichen. Jagen und Verstecken. Unter den Raubtieren und ihrer Beute kam es zu einem Rüstungswettstreit, der noch immer anhält. Die Raubtiere bekamen scharfe Zähne und Klauen, die Beutetiere Stacheln, Schilde und Panzer. Letztere dienten nicht nur der Sicherheit, sondern sie machten den Körper auch stabiler: Panzer und Schilde hielten die schlaffen Körper ein wenig zusammen. Dank der Raubtiere hatten sich die Beutetiere zu einer viel praktischeren Form entwickelt. Die Kaninchen von heute dürfen den Wölfen von früher durchaus dankbar sein. Und umgekehrt …

WELCHES TIER WAR IN DER VERGANGENHEIT AM ERFOLGREICHSTEN?

Dicke Muschelschalen entstehen nicht einfach so. Aber so nützlich sie auch sind – eigentlich sind sie durch Zufall gewachsen. Die Vorfahren der Schnecken und Schalentiere waren noch weitgehend wehrlos. Aber sie bekamen Hilfe von ihrem täglichen Speiseplan. Die Tierchen verspeisten nämlich Nahrung, die viel Kalk und Mineralien enthielt. Die harten Teile bekamen sie nicht gut aus ihrem Körper heraus, sodass diese sich schließlich an der Außenseite anlagerten. Und je mehr dort lagerte, desto geschützter waren sie und desto besser konnten sie überleben.

Das einzige Problem einer Muschel ist ihr Gewicht: Das Schalentier muss immer auf dem Boden kriechen. Dafür hatten die Nautiloideen eine Lösung. Diese tintenfischähnlichen Wesen hatten ein längliches oder aufgerolltes Schneckenhaus. Das konnten sie mit Gas füllen, damit es wie ein Ballon im Wasser trieb. Wollten sie wieder hinunter, pumpten sie Wasser hinzu. So konnten sie überall dorthin kommen, wo sie hinwollten. Die Tiere wurden dadurch sehr mächtig. Manche wuchsen zu meterlangen Monstern heran. Kein Tier auf der Erde hatte auch nur die Spur einer Chance, diese Räuber zu besiegen; die einzigen Tiere, die etwas ausrichten konnten, waren Ammoniten, aber die waren den Nautiloideen auch sehr ähnlich!

WER HAT DIE TRILOBITEN AUSGEROTTET?

Eine feste, dicke Schale ist nützlich zur Verteidigung. Aber ein Panzer, der sich mit dem Körper bewegen kann, ist praktischer. Tiere mit so einem Panzer nennen wir Gliederfüßer. Dieser flexible Panzer machte die Gliederfüßer so erfolgreich wie die Nautiloideen und die Ammoniten. Es gab sie in allen Sorten und Größen, von winzig klein bis gigantisch. In den Meeren wimmelte es nur so davon. Noch immer übrigens. Garnelen, Krebse, Spinnen und Asseln – sie alle sind Gliederfüßer. Aber einst lebte auch noch eine andere Gruppe, die mittlerweile nicht mehr auf der Erde vorkommt: die Trilobiten. Trilobiten sahen ein wenig so aus wie Honiglakritze oder Asseln, obwohl sie manchmal gut einen Meter groß wurden.

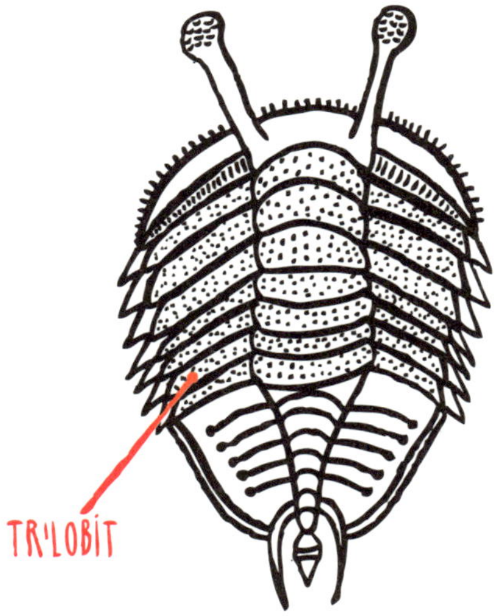

Man hat Tausende von Trilobitenfossilien gefunden. Nicht nur, weil sie in riesigen Mengen vorkamen, sondern auch, weil sie dank ihrer Panzer einen schönen Abdruck hinterlassen konnten. Darum wissen wir viel über sie. Manche Trilobiten hatten für ihre Zeit ziemlich gute Augen. Es gab welche, die durch Schlamm krochen und nichts sehen konnten. Andere Schlammtrilobiten wussten genau, was über ihnen geschah, weil ihre Augen auf Stielen saßen. Wieder andere Trilobiten hatten überhaupt keine Augen. Die lebten in so großer Tiefe, dass man sowieso nichts sehen konnte, weil das Sonnenlicht nicht bis zu ihnen durchdrang. Die Trilobiten gehörten im Erdaltertum zu den erfolgreichsten Tieren auf der Erde, aber dennoch sind sie plötzlich ausgestorben. Wie das passieren konnte, ist noch immer ein großes Rätsel, denn eigentlich hatten diese Tiere alles, was sie brauchten. Allerdings hatten sie auch eine gewisse Ähnlichkeit mit der erfolgreichsten heutigen Tierklasse: den Insekten. Man könnte sie vielleicht als die Vorläufer der Insekten bezeichnen. Unter Wasser natürlich.

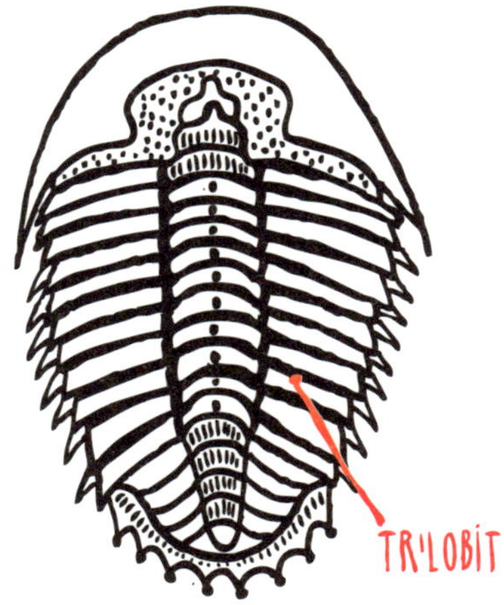

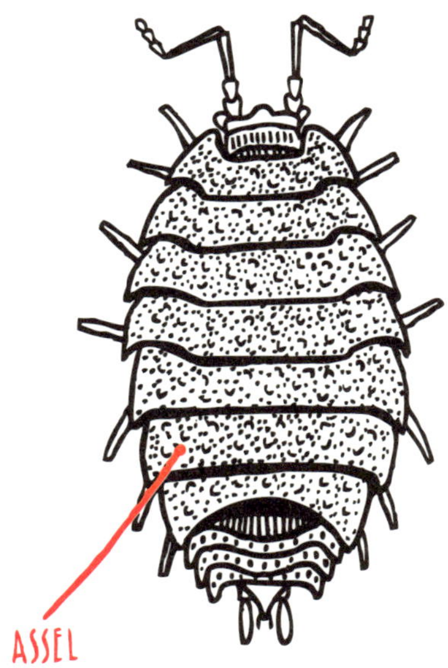

VON WELCHEM MEERESTIER STAMMEN WIR AB?

Die Trilobiten von damals haben also eine Menge mit den Insekten von heute zu tun. Aber mit welchem Tier von damals haben eigentlich wir Menschen etwas zu schaffen? Von welchem Tier aus dieser Zeit stammen wir ab? Von diesen lebensgefährlichen Nautiloideen? Von den supertödlichen *Anomalocaris*? Doch nicht etwa von so einer dösigen *Kimberella*, oder? Nein, es ist viel schlimmer: Unser nächster Verwandter ist ein Manteltier. Manteltiere ähneln noch am meisten schwankenden Geleeröhrchen. Und dazu kommt: Unsere Gene stimmen zu achtzig Prozent mit diesen vollkommen unbedeutenden Wesen überein ...

Wenn man erwachsene Manteltiere sieht, scheint das unmöglich. Trotzdem haben ihre Larven etwas, das auch wir Menschen haben: ein Rückgrat. Wenn die Tiere ausgewachsen sind, sieht man dieses Rückgrat nicht mehr, nur, wenn sie noch jung sind. Unser Rückgrat ist eines der wichtigsten Teile unseres Körpers. Wir stammen also von einer Art schwankendem Geleeröhrchen ab, das im besten Fall noch Ähnlichkeit mit einer Blume hat. Aber glaub nicht, es könnte nicht noch schlimmer kommen! Denn im Anschluss haben sich manche Manteltiere zu Schleimaalen entwickelt. Und mit denen haben wir noch mehr gemein!

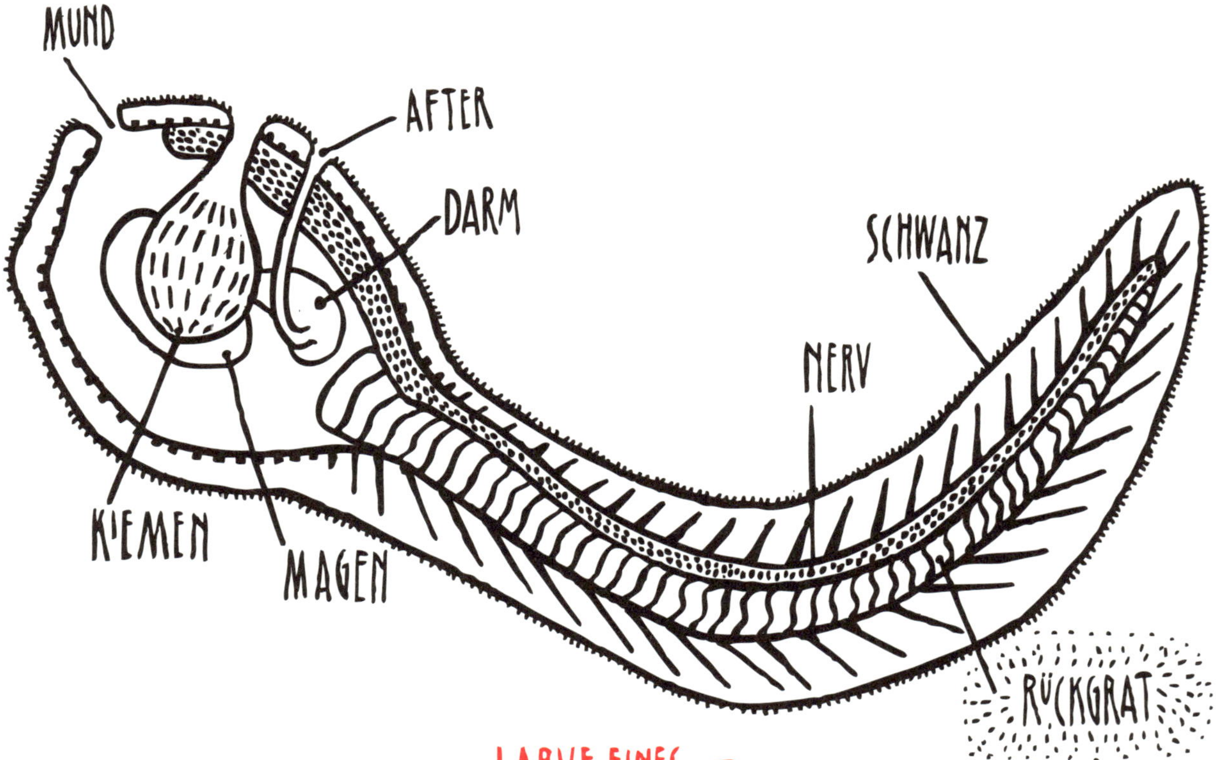

— LARVE EINES —
MANTELTIERS

STAMMEN WIR VON EINEM SCHLEIMER AB?

Schleimaale, der Name sagt es schon, sind bei weitem die schleimigsten Lebewesen auf der Erde. Es sind längliche, kiefernlose Fische, die sich schützen, indem sie bei Gefahr große Mengen Schleim produzieren. Dieser Schleim quillt und bildet eine dicke, schützende Schicht, wenn er mit Wasser in Kontakt kommt. So kann ein einziger Schleimaal mit seinem Schleim das Wasser in einem großen Eimer in so dicken Pudding verwandeln, dass man den Eimer auf den Kopf stellen kann, ohne dass etwas herausfällt. Und von so einem Schleimer stammen wir ab! Aber es gibt auch gute Nachrichten. Aus dem Schleimaal entstanden die ersten echten Fische – mit Kiefern. Das ist also die Familie, die noch näher mit uns verwandt ist. Zum Glück!

Schalentiere, Schnecken und Gliederfüßer hatten alle ihr Skelett an der Außenseite. Aber bei Fischen, Vögeln, Reptilien und Säugetieren liegt das Gerüst innen. Das ist viel geschickter. Diese neue Errungenschaft führte beispielsweise zum gefährlichsten Raubtier, das je im Meer lebte: dem *Megalodon*. Das war eine Art Hai, der Millionen Jahre lang die Meere unsicher gemacht hat. Er ist erst vor etwa 11 000 Jahren ausgestorben und darüber darf man durchaus froh sein. Das Tier war so groß wie ein Omnibus und hatte ein Maul von der Größe einer Multimedia-Tafel. Er hätte eine Kuh mit einem Happs ohne zu kauen verschlingen können.

Mit diesen Haien haben wir vieles gemeinsam. Es sind die ältesten Fische auf der Erde. Und von diesen Fischen stammen wir ab. Wenn du gut hinschaust, siehst du, dass eine ganze Menge Fisch in uns steckt ...

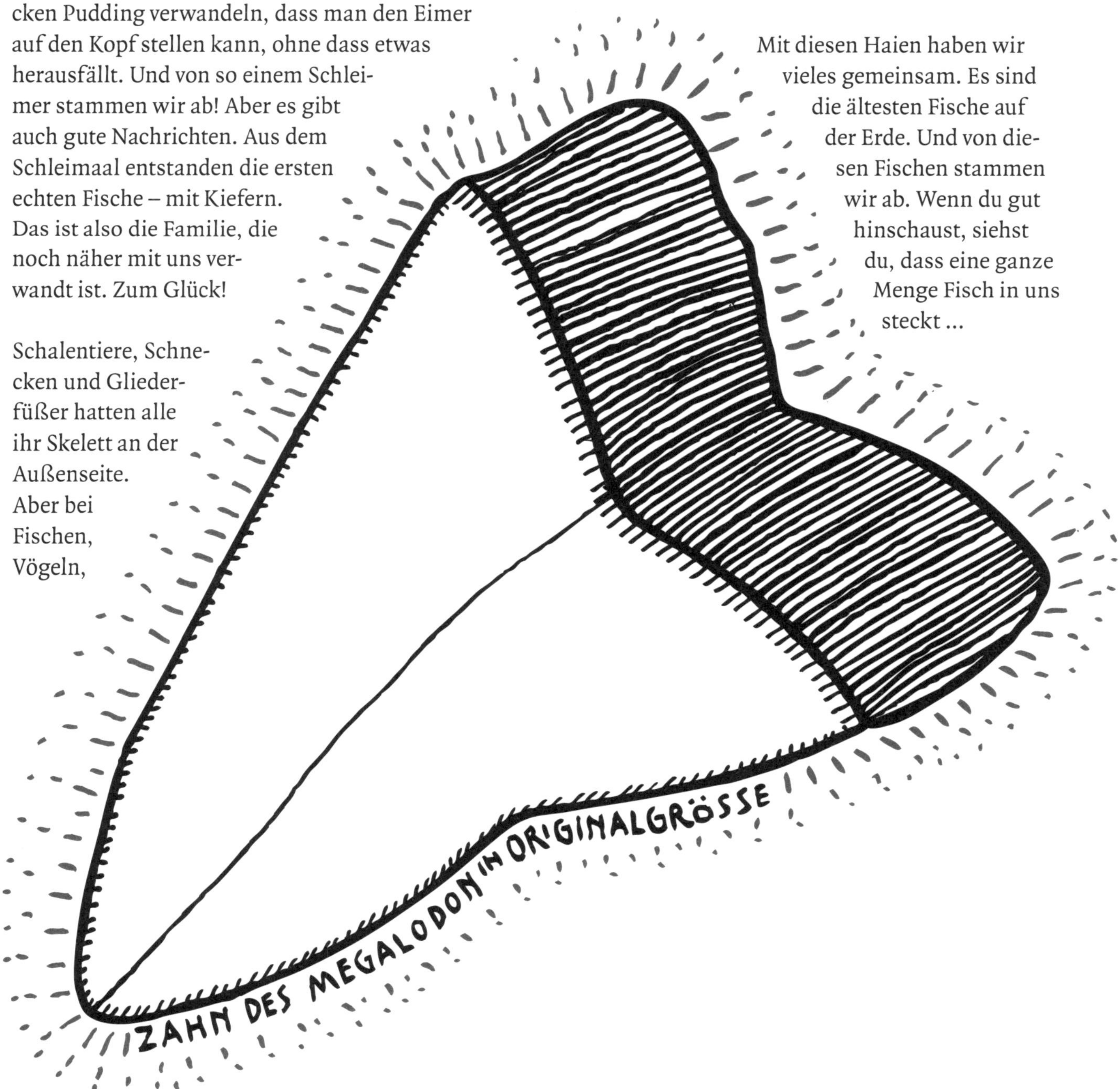

— TEIL 9 —

HALB MENSCH, HALB FISCH

WIE WIRD AUS EINEM FISCH EIN VIERFÜSSER?

Nach dem Schritt von nicht-lebend zu lebend scheint der Wechsel vom Meer aufs Land der größtmögliche. Es hat Milliarden von Jahren gedauert, bevor manche Tiere (und Pflanzen) das vertraute Wasser gegen Land und Luft eintauschten. Bei Pflanzen kann man sich in etwa vorstellen, wie das vor sich gegangen sein muss; manche stehen noch immer im Wasser und ragen zur Hälfte darüber hinaus. Bei Schnecken und Würmern gibt es auch kein Problem. Die leben im Meer und an Land und beide Sorten sehen sich ähnlich wie ein Ei dem anderen. Und wenn man bedenkt, dass eine Assel mit Kiemen atmet, dann wundert es einen auch nicht, dass sie von einem Meerestier abstammt. Sie ist eigentlich bloß ein moderner Trilobit.

Wie besonders ist ein Fisch mit Lungen?

Aber was ist mit uns? Den Säugetieren? Wie wird man von einem Fisch zum Vierfüßer? Das ist eine andere Geschichte. Du brauchst nur einmal beim Fischhändler vorbeizugehen, dann siehst du sofort das größte Problem für Fische, die auf dem Trockenen landen: Fische können an der Luft nicht atmen. Sie haben Kiemen und keine Lungen. Deswegen halten es Heringe und Makrelen nur sehr kurz über Wasser aus. Für die ersten Wissenschaftler, die sich mit der Evolution beschäftigten, war es daher auch ein großes Mysterium, wie sich der Übergang vom Meer aufs Land abgespielt hat. Bis deutsche Forscher in Südamerika auf einen sehr wunderlichen Fisch stießen: einen Fisch mit Lungen! Nicht lange danach wurden diese »Lungenfische« auch in Afrika und Australien gefunden. Das Rätsel war dank dieser höchst ungewöhnlichen Tiere zum Teil gelöst. Nun ja, höchst ungewöhnlich … bei der örtlichen Bevölkerung standen sie einfach auf der Speisekarte.

Wie werden Kiemen zu Lungen?

Aber was soll ein Fisch mit Lungen? Und wie werden Kiemen plötzlich zu Lungen? Die Antwort lautet: gar nicht. Lungenfische haben Kiemen *und* Lungen! Sie können unter *und* über Wasser atmen. Aber woher kommen denn dann die Lungen? Aus einem wichtigen Organ, das viele Fische nutzen: der Schwimmblase. Schnelle Schwimmer wie Thunfische sind immer in Bewegung; wenn sie nach oben oder unten wollen, schwimmen sie eben in diese Richtung. Andere Fische sind ziemlich schwer; die findet man daher immer am Boden. Und wiederum andere Fische benutzen ihre Schwimmblase. Das ist eine Art Ballon in ihrem Körper, den sie mit Sauerstoff aufpumpen können, wenn sie nach oben wollen. Sauerstoff ist leichter als Wasser. Je größer also der »Ballon« ist, desto schneller kommt man nach oben. Will man wieder runter, lässt man einfach etwas Sauerstoff ab. Außerordentlich praktisch also, so eine Schwimmblase. Und aus diesem nützlichen Organ sind später bei manchen Fischen Lungen entstanden.

Und wie kommt ein Fisch zu Beinen?

Nur, wie war das dann mit den Beinen? Wie veränderten sich Flossen in Füße? Die Antwort findet sich bei denselben Fischen. Lungenfische haben bemerkenswerte Flossen, die manchmal tatsächlich aussehen wie Beine, zwei auf der einen und zwei auf der anderen Seite; wie Vorder- und Hinterbeine. Manche Fische benutzen diese Flossen auch zum Laufen. Meistens tun sie das im Wasser, aber Lungenfische können damit sogar über Land kriechen.

So gut ein Lungenfisch sich auch auf dem Trockenen fortbewegen kann, er ist und bleibt ein Fisch. Und ein Fisch lebt im Wasser. Dort fühlen sich Lungenfische auch am wohlsten. Amphibien oder Lurche sind keine Fische. Sie brauchen das Land zum Überleben. Amphibien und Fische sind also ganz unterschiedliche Tiergruppen. Deswegen muss auch einst ein »Übergangstier« zwischen Fisch und Amphibie herumgeschwommen und -gelaufen sein. Dann muss man Fossilien davon finden können.

JETZT MUSS ICH MICH AUFRICHTIG ENTSCHULDIGEN

Nun hätte ich hier schon gern über die Fossilien zwischen den Fischen und Amphibien schreiben wollen. Aber stattdessen muss ich erst etwas anderes erzählen und mich aufrichtig entschuldigen. Im Kapitel über das Alter der Erde habe ich beschrieben, wie Geologen früher das Alter einer Gesteinsschicht bestimmten – anhand von Fossilien, hatte ich gesagt. Das ist aber nicht die ganze Geschichte. Ganz und gar nicht. Denn das Alter der Fossilien wurde anhand des Gesteins bestimmt, in dem sie gefunden wurden. Das war also wieder so ein Henne-Ei-Problem. Für die Bestimmung des Alters von Fossilien nutzten sie die Gesteinsart ... und für die Bestimmung der Gesteinsart? Ja, genau, die Fossilien. Als wollte man eine Wanduhr nach einer Armbanduhr stellen, während man die Armbanduhr genau nach dieser Wanduhr stellen möchte. Trotzdem war die Bestimmung des Alters nicht unmöglich.

Warum schreiben wir mit Fossilien auf eine Schultafel?

Altersbestimmung war wie ein Puzzle mit vielen Teilen. Je tiefer man grub, desto älter die Gesteinsschicht. So konnte man also schon ein wenig an der Tiefe einer Gesteinsschicht sehen, wie alt diese war. Außerdem erzählte die Gesteinsart auch viel über die Vergangenheit. Nimm nur mal die Kreide. An der französischen und der englischen Küste sieht man große Klippen mit Kreidefelsen. Kreide besteht aus den Schalen winzigster Meerestiere. Diese Schalen sind auf den Meeresboden gesunken und darauf sind wiederum neue Schalen gelandet und so weiter. Die Rechenaufgaben an der guten alten Schultafel macht man also eigentlich mit Fossilien, die Hunderte von Millionen Jahre alt sind. Aber diese großen Kreidefelsen erzählen uns unterdessen, dass es dort vor unendlich langer Zeit ein Meer gegeben hat.

Natürlich ist eine mehrere Dutzend Meter dicke Kreideschicht nicht an einem Wochenende entstanden. Dafür sind viele Millionen Jahre nötig gewesen. Fand man also ein Fossil ganz unten in einer meterdicken Kreideschicht, dann wusste man, dass das Fossil Millionen und Abermillionen Jahre alt war. Und so gab jedes Gestein sein eigenes Geheimnis preis. Bei Fossilien funktioniert das genauso. Zu einem bestimmten Zeitpunkt wimmelte es auf der Erde vor Trilobiten. Darum kannst du so viele von ihnen finden. Aber du wirst diesen Trilobiten nur in sehr »alten« Gesteinsschichten begegnen, denn sie sind schon vor sehr langer Zeit ausgestorben. Fände man in derselben Schicht ein Fossil von einem Trilobiten und von einem Hai, dann wüsste man, dass Haie auch schon zur Zeit der Trilobiten gelebt haben. Vielleicht hätten die Haie dann ja sogar durch Auffressen zum Aussterben der Trilobiten beigetragen.

Findet man ganz von selbst Fossilien, wenn man nur tief genug gräbt?

Wenn du all diese Informationen zusammenträgst, kannst du einen Zeitbalken anlegen und alle Arten in eine Reihenfolge bringen. In den ältesten und tiefsten Schichten konnte man noch keine Spuren von Lebewesen entdecken. Etwas höher waren die ersten Quallen und Plattwürmer zu finden, danach die Krebstiere und so weiter bis zu den Säugetieren. Übrigens: nicht, dass du denkst, es gäbe eine Schicht, in der du die ganze Evolution von unten nach oben verlaufen siehst. Fossilien entstehen nur unter ganz besonderen Umständen. Die Wahrscheinlichkeit, dass über Hunderte Millionen Jahre nacheinander an einer Stelle Fossilien entstehen, ist extrem gering. Man muss also die verschiedenen Gesteinsschichten aus der ganzen Welt miteinander vergleichen, um das Puzzle legen zu können. Außerdem ist die Erde viel zu viel in Bewegung. Ohne dass du es merkst, driftet sie langsam in eine bestimmte Richtung ...

WARUM FINDET MAN IN AMERIKA DIESELBEN STEINE WIE IN AFRIKA?

Es gibt noch ein Puzzleteil mit Informationen über das Alter von Steinen und Fossilien: die Erde selbst! Wenn du sie betrachtest, siehst du, dass du ein ganzes Stück mit dem Schiff fahren oder fliegen musst, um von Afrika nach Amerika zu kommen. Aber es gab einmal eine Zeit, in der man diesen Abstand schwimmend zurücklegen konnte. Irgendwann konnte man sogar von Afrika nach Amerika springen! Die beiden Kontinente grenzten früher direkt aneinander – wenn du gut hinschaust, siehst du, dass der östliche Teil von Südamerika exakt in den westlichen Teil von Afrika passt. Auch die Gesteinsschichten sind dieselben. Gräbst du zwanzig, hundert und zweihundert Meter tief, dann findest du im Osten von Brasilien dieselben Gesteinsschichten wie im Westen von Kamerun. Als hätte man einen Kalten Hund in zwei Stücke geschnitten.

Wuchsen einst Palmen am Pol?

Die Kontinente verschieben sich, weil die Erdkruste in allerlei Stücke (»Platten«) auseinandergebrochen ist. Und diese Stücke sind durch unterirdische Kräfte in Bewegung. So schieben sich Afrika und Amerika jeden Tag ein Stückchen weiter auseinander. Das geht übrigens ausgesprochen langsam. Ungefähr mit der Geschwindigkeit, mit der ein Fingernagel wächst. Dann kannst du dir vorstellen, wie lange diese Kontinente schon auseinandertreiben. Es gibt auch Teile, die sich wieder aufeinander zu bewegen; dort schiebt sich eine Platte unter die andere. Wieder andere Stücke scheuern aneinander vorbei.

Weil die Erde Milliarden Jahre alt ist, haben die Kontinente früher ganz anders ausgesehen. So haben Teile vom Pol einst am Äquator gelegen und umgekehrt. Wir können genau überprüfen, welcher Kontinent einst wo lag. Und das gibt uns auch wieder neue Informationen. Findet man im hohen Norden Fossilien von Reptilien und Palmen, weiß man, dass diese Fossilien dort schon Hunderte Millionen Jahre liegen müssen – seit der Zeit, als dieser Teil noch dichter beim Äquator lag. Auch wenn man das nie ganz sicher sagen kann. Grönland liegt zum Beispiel schon sehr lange im Norden, aber die Erde ist so warm gewesen, dass sogar dort, so dicht am Nordpol, noch Palmen wachsen konnten.

Sind die Mammuts von den Niederlanden nach England geschwommen?

Darum ziehen wir auch viele Informationen aus den Temperaturschwankungen auf der Erde – von den Eiszeiten bis zu den Zeiträumen, in denen die Erde ein einziger großer Brutkasten war. Hättest du zum Beispiel vor ungefähr 250 Millionen Jahren in unserer Gegend gewohnt, hättest du es wunderbar warm gehabt, etwa so warm wie heute in Spanien. Vor 140 000 Jahren jedoch war es so kalt, dass es sommers wie winters fror. In Nordeuropa lag eine gut dreihundert Meter dicke Eisschicht. Dazu war es auch extrem trocken und der Meeresspiegel lag tiefer als heute, sodass es die Nordsee noch nicht gab. Damals konnte man einfach nach England laufen. Das erklärt, warum man am Meer manchmal noch Mammutzähne finden kann. Findest du also versteinerte Palmen oder Reptilien, die hohe Temperaturen mögen, dann stammen sie nicht aus einer Zeit, als es auf der Erde kalt war.

Wie alt ist das Gestein denn nun?

Ein paar Puzzleteile helfen einem nicht weiter. Aber alle Stücke zusammen vermitteln uns ein klares Bild, wie ein Ort auf der Erde zu einer bestimmten Zeit ausgesehen haben muss. Wusste man nicht, wie alt ein bestimmtes Gestein war, fand aber darin die Schale eines *Psiloceras*-Ammoniten, dann war klar, dass diese Gesteinsschicht etwa 200 Millionen Jahre alt sein musste.

Dazu haben wir heute auch die Verfallszeit radioaktiver Elemente, die noch besser anzeigt, aus welcher Zeit Steine oder Fossilien stammen. Puh! So, jetzt begreifst du, weshalb ich all diese Informationen über das Alter von Steinen nicht so nebenbei in ein paar Sätze fassen konnte. Aber dieses Wissen ist wichtig, damit du verstehst, wie ein Fisch zu einem Vierfüßer werden konnte.

WO FINDET MAN DIE SCHÖNSTEN FOSSILIEN?

Je tiefer man gräbt, desto weiter geht man in der Zeit zurück. Die schönsten und ältesten Fossilien liegen daher auch tief unter immensen Gesteinsschichten und Felsformationen verborgen. Aber das heißt nicht, dass an der Oberfläche keine Steine zu finden wären, die Hunderte von Millionen Jahre alt sind. Manche Gesteinsschichten werden abgerieben, weil jeden Tag riesige Mengen Sand darüber wehen und dabei wie Schmirgelpapier wirken. Das ist zum Beispiel in der Wüste von Marokko der Fall. Dort kann man auch die tollsten Fossilien finden, die liegen da einfach so herum. An der Ostküste von Kanada sind die Felsen von Wellen, Wind, Eis und Steinen abgeschliffen. Auch dort findet man direkt am Meer große Mengen besonderer Fossilien. Andere Felsblöcke wurden hochgeschoben und bildeten Berge. Darum kann man im Gebirge plötzlich einen Abdruck einer Seeschnecke oder einer Muschel finden. Sogar auf den Gipfeln des Himalaja!

WIE FINDET MAN EINEN AMPHIFISCH ODER EINE FISCHPHIBIE?

Wenn man weiß, wo man suchen muss, ist die Wahrscheinlichkeit viel größer, dass man findet, was man finden will. Gute Paläontologen – so heißen die Leute, die Fossilien untersuchen – graben deswegen auch nicht einfach irgendwo. Sie studieren erst ausgiebig die Gesteine und die Gegebenheiten. Der Paläontologe Neil Shubin nutzte alles bisherige Wissen, um sich nach einem unbekannten Fossil auf die Suche zu machen, das halb Amphibie und halb Fisch war. Dieses fehlende Fossil war ungeheuer wichtig. Man hatte durchaus schon Fische gefunden, die Amphibien ähnlich sahen, wie *Panderichthys*. Dieser Fisch hatte den Kopf eines Froschs, die Beine einer Schildkröte und einen langen Schwanz, der nur wenig Ähnlichkeit mit einem Fischschwanz zu haben schien. An seinen Flossen waren Knochen, die wie Finger aussahen, aber trotzdem war es einfach ein Fisch. Aus einer späteren Zeit stammt *Acanthostega*. Das war ein ausgezeichneter Schwimmer, der daher auch überwiegend im Wasser lebte. Er sah aus wie ein Aal mit Beinen. Aber das wiederum war eine richtige Amphibie. Eine Zwischenform war nie gefunden worden und Neil Shubin wollte den definitiven Beweis suchen, dass die Amphibie vom Fisch abstammt. Bloß ... wo findet man so was?

WAS BRAUCHT MAN, UM FOSSILIEN ZU FINDEN?

Shubin wusste, dass drei Voraussetzungen gegeben sein müssen, um eine bestimmte Fossilienart zu finden. Die sind für dich sicher auch gut zu wissen, wenn du mal auf Fossilienjagd gehen willst. Erstens musst du in Gesteinen suchen, die das richtige Alter haben. Zweitens brauchst du Gestein, in dem man überhaupt Fossilien finden kann. Und drittens musst du viel, nein, du musst sehr viel Glück haben.

Die Erfüllung der ersten Voraussetzung war leicht zu berechnen. Die Fossilien der fischähnlichen Amphibien und die der amphibienähnlichen Fische waren zwischen 365 und 380 Millionen Jahre alt. Shubin musste sich für sein Fossil also auf die Suche nach Gestein mit einem Alter irgendwo dazwischen machen: etwa 375 Millionen Jahre alt. Heutzutage kannst du einfach im Internet nachsehen, wo diese Gesteinsart vorkommt. So macht Shubin das auch.

Die zweite Voraussetzung war auch nicht so schwierig zu erfüllen. Es hat zum Beispiel keinen Sinn, Gestein zu untersuchen, das einst geschmolzene Lava war. Kein einziges mögliches Fossil bliebe bei der Temperatur geschmolzenen Steins erhalten. Aber andere Gesteinsschichten, wie Kalk- oder Sandstein, eignen sich sehr wohl. Im Internet kannst du auch wieder genau sehen, wo du solches Gestein findest. Shubin stieß auf drei große Gebiete, wo genau dieses Gestein mit dem passenden Alter zu finden war. Das erste lag in einer Region, in der allerlei Gebäude standen. Unter einem Parkhaus gräbt es sich schlecht, das kam also nicht in Frage. Das zweite Gebiet lag in einer Gegend, die schon sehr häufig von Paläontologen untersucht worden war. Die Chance, dass Shubin dort etwas fände, das andere übersehen hatten, war klein. Dort brauchte er also auch nicht zu suchen. Aber das dritte Gebiet war eine gigantische Ebene im Norden Kanadas, wo sonst niemand hinkam. Dort musste er hin.

UND? HAT MAN DAS FOSSIL DER FOSSILIEN JE GEFUNDEN?

Im Polargebiet friert es fast das ganze Jahr über. Shubin konnte also nur im Sommer dorthin, wenn es ungefähr zehn Grad über Null war. In diesen paar Wochen musste er in einem Gebiet von Hunderten von Kilometern nach einem etwas über einen Meter langen Tier suchen. Deswegen war die dritte Voraussetzung so wichtig: Ohne eine kräftige Portion Glück findet man so ein Fossil nie.

Shubin behielt recht: Im Polargebiet konnte man eine Menge Fossilien finden. Leider waren das vor allem Fossilien von Tiefseefischen. Und ein Tier, das halb auf dem Land und halb im Meer lebt, muss sich natürlich in flacherem Wasser aufhalten. Nach seiner ersten Suche brachte Shubin viele Fossilien nach Hause, aber nicht das Fossil, nach dem er suchte. Im Jahr darauf war es ganz genauso. Und im Jahr danach auch. Aber bei seiner vierten Expedition 2006 fand er plötzlich ein Tier, das einen flachen Kopf hatte wie ein Krokodil, Schuppen wie ein Fisch, einen Hals wie eine Amphibie, Flossen wie ein Fisch und Rippen wie eine Amphibie! Neil Shubin hatte gefunden, wonach er gesucht hatte: das Tier, das weder Fisch noch Amphibie war, sondern beides. Er nannte es *Tiktaalik* – das bedeutet »großer Süßwasserfisch« in der Sprache der Inuit, der Menschen, die in der Arktis Kanadas und Grönlands leben.

Damit hatte Shubin den definitiven Beweis gefunden, dass Amphibien von Fischen abstammen.

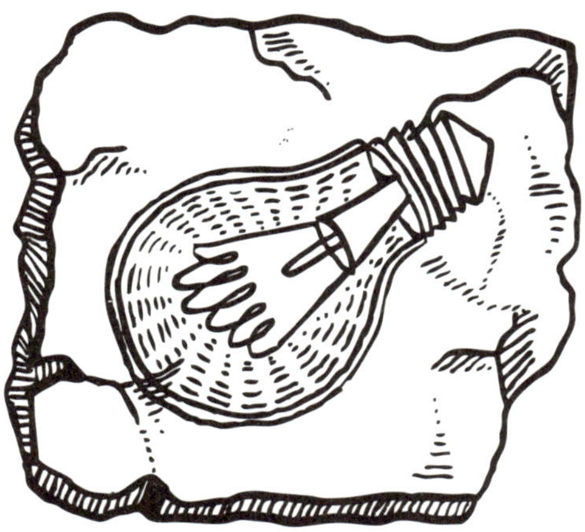

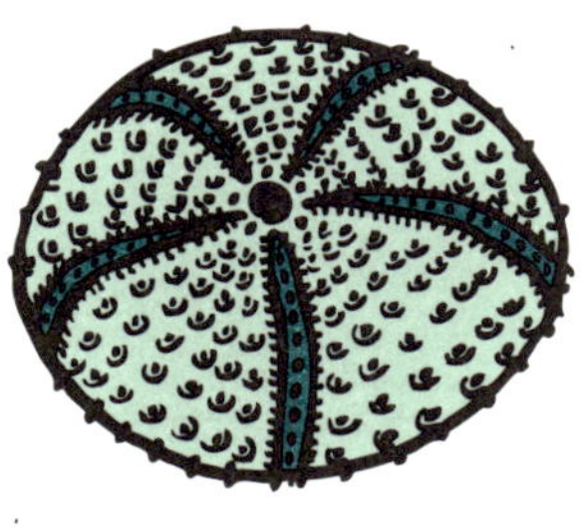

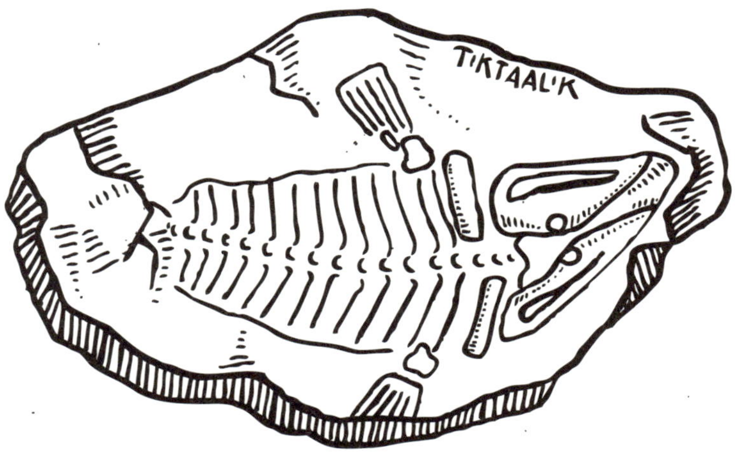

SIEHT JAN GROSS EINEM HAI ÄHNLICH?

Mittlerweile wurden noch verschiedene weitere *Tiktaalik*-Exemplare gefunden. Eines davon ist sogar fast drei Meter lang. Aber inwiefern ähneln wir dieser »Fischphibie«, die 383 Millionen Jahre alt ist? Vielleicht mehr als du denkst.

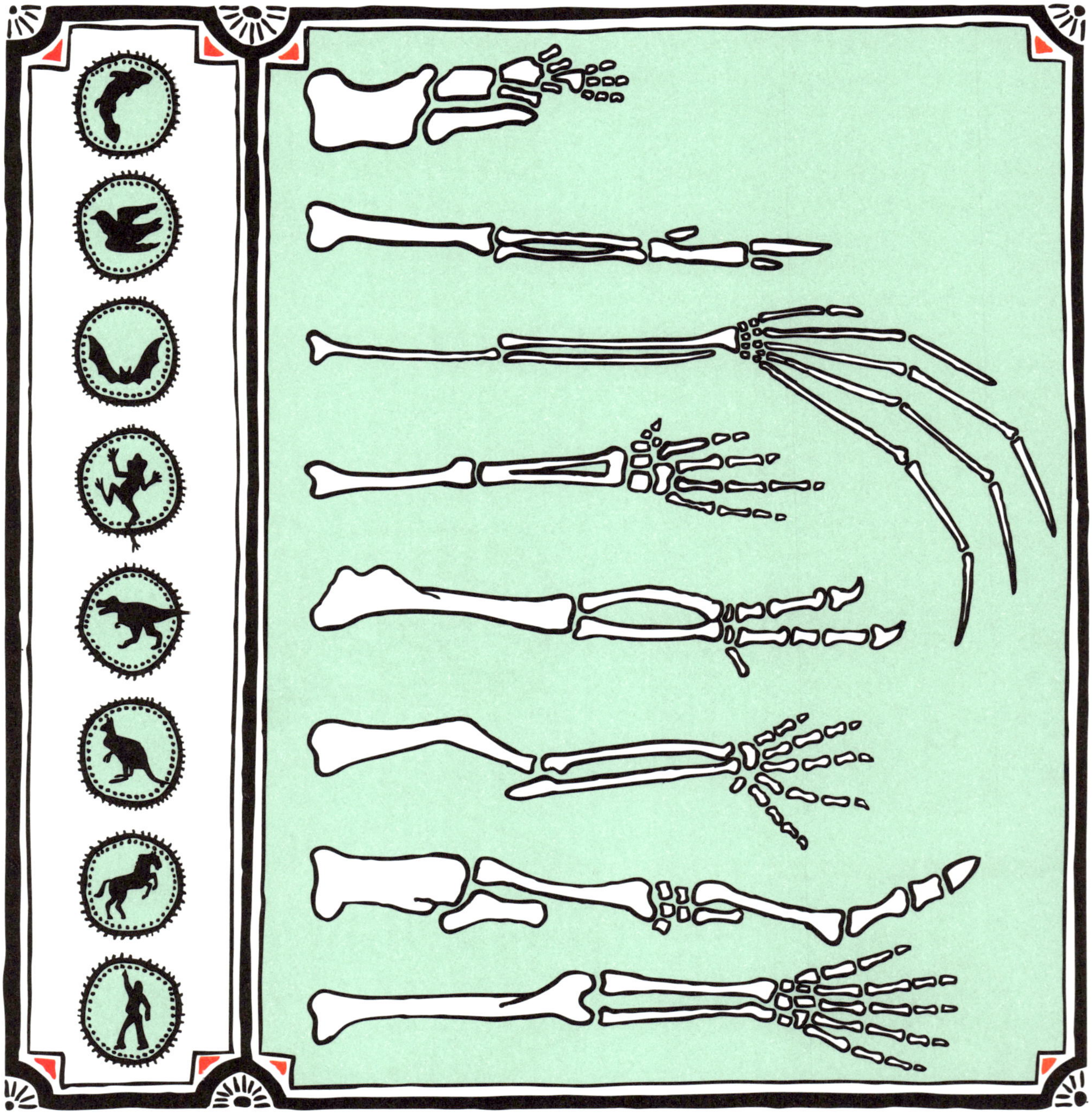

HAT JAN GROSS AUS DIEZ DEN ARM EINES *TIKTAALIK*?

Die Fische, die sich schließlich zu Amphibien entwickeln sollten, hatten ein besonderes Merkmal. Etwas, das alle Amphibien, Reptilien, Vögel und Säugetiere auch haben. Wenn man die Vorderflossen des *Tiktaalik* mit dem Arm von Jan Groß aus Diez vergleicht, sieht man genau den gleichen Aufbau.

Der Arm von Jan Groß (und auch deiner) beginnt mit einem großen Oberarmknochen. Dieser geht beim Ellbogen in zwei Knochen über: die Elle und die Speiche. Dort schließt sich eine Ansammlung kleiner Knochen an, die Handwurzelknochen, gefolgt von den Mittelhandknochen und den Fingergliedern. Und jetzt kommt es: Alle Tiere, die vom *Tiktaalik* oder seinen Artgenossen abstammen, haben denselben »Arm«-Aufbau – vom Frosch bis zur Fledermaus, von der Turteltaube bis zum *Tyrannosaurus rex* und vom Kolibri bis zum Känguru. Sie haben ein Vorderbein oder einen Flügel, der mit einem Knochen beginnt, in zwei Knochen übergeht, die sich in allerlei kleinere Knochen verzweigen, gefolgt von Knöcheln, die Fingergliedern ähneln.

WARUM ÄHNELT EIN PFERDEHUF DER HAND DES MENSCHEN?

Der Aufbau der großen Landtiere ist überall derselbe. Selbstverständlich unterscheiden sie sich in Form und Größe – sonst müsste eine Fledermaus mit dem Vorderbein eines Elefanten fliegen. Schon ein Fledermausarm ist anders aufgebaut als der eines Vogels. Ein Vogel hat ein paar »Fingerglieder« mit einer ziemlich normalen Länge. Der größte Teil des Flügels besteht aus Federn ohne Knochen. Der Flügel einer Fledermaus hingegen ist eigentlich eine einzige große Hand mit enorm langen, dünnen Fingergliedern. Bei einem Pferd ist einer der »Mittelhandknochen« wieder zu einem großen Knochen ausgewachsen, die mittleren Glieder sind viel größer geworden und andere sind so gut wie verschwunden. Der Huf eines Pferdes entspricht eigentlich dem Nagel deines Mittelfingers! Bei einem Frosch wiederum sind andere Knochen miteinander verwachsen und verlängert, sodass sie nicht im Entferntesten einem Pferd ähneln. Aber der Aufbau ist dennoch gleich. Selbst die 360 Millionen Jahre alten Beine von *Acanthostega* haben die gleiche Struktur wie der Arm von Jan Groß.

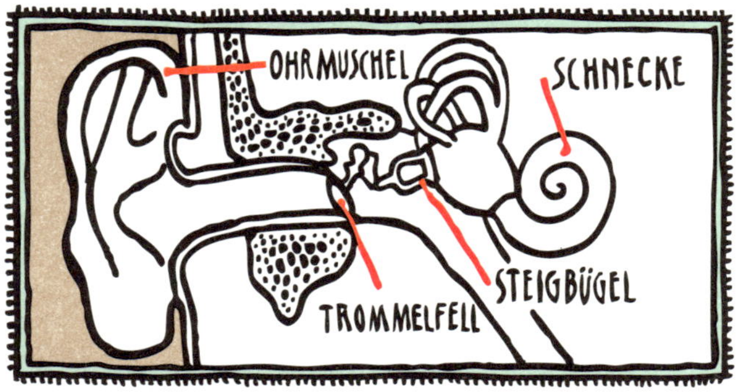

HÖREN WIR MIT HAIKIEMEN?

Wenn man in der Evolution weiter zurückgeht, sieht man, wie dieser Aufbau immer weiter verschwindet. Die Knochen von Fischen bestehen aus viel mehr Knorpel. Fische haben Knochen, die bei uns verschwunden sind, während man bei uns wiederum Knochen finden kann, die sie nicht haben. Wir haben Rippen, die unser Herz und unsere Lungen vor harten Schlägen schützen. Fische brauchten die im Wasser nicht. Trotzdem findet man noch eine ganze Menge Übereinstimmungen zwischen Menschen und Haien. Wir Menschen haben keine Kiemen mehr, aber die Reste dieser Kiemen befinden sich noch immer in unserem Kopf.

In unserem Ohr befinden sich kleine Knöchelchen, die uns beim Hören helfen und die von Fischkiemenbögen abstammen. Eines davon, ein winzig kleiner Knochen, wird wegen seiner Form Steigbügel genannt, während Haie dort noch ein riesiges Stück Knorpel haben. Und wenn man dieses Knöchelchen bei Haien, modernen Fischen, Amphibien, Reptilien und Menschen vergleicht, sieht man genau, was während der Evolution passiert ist. Bei jedem moderneren Tier wurde das Knöchelchen kleiner, bis es als winziges Teil in unserem Kopf gelandet ist.

WARUM SAHST DU IRGENDWANN AUS WIE EINE MAKRELE?

Nicht jeder glaubt an Evolution. Es gibt immer noch Menschen, die denken, Gott habe die Erde mit allem Drum und Dran in sechs Tagen geschaffen. Eines der meistgenannten Argumente dieser Menschen ist, dass etwas so Kompliziertes wie der Mensch sich niemals aus einem einzelligen Wesen hat entwickeln können. Auch nicht in Milliarden Jahren. Die Antwort der Wissenschaft darauf ist einfach: »Ach nein? Das ist nicht möglich? Sind Sie denn nicht aus einer einzigen Zelle entstanden? Sie haben sogar nur neun Monate gebraucht, um von einer Zelle zum Menschen zu werden!«

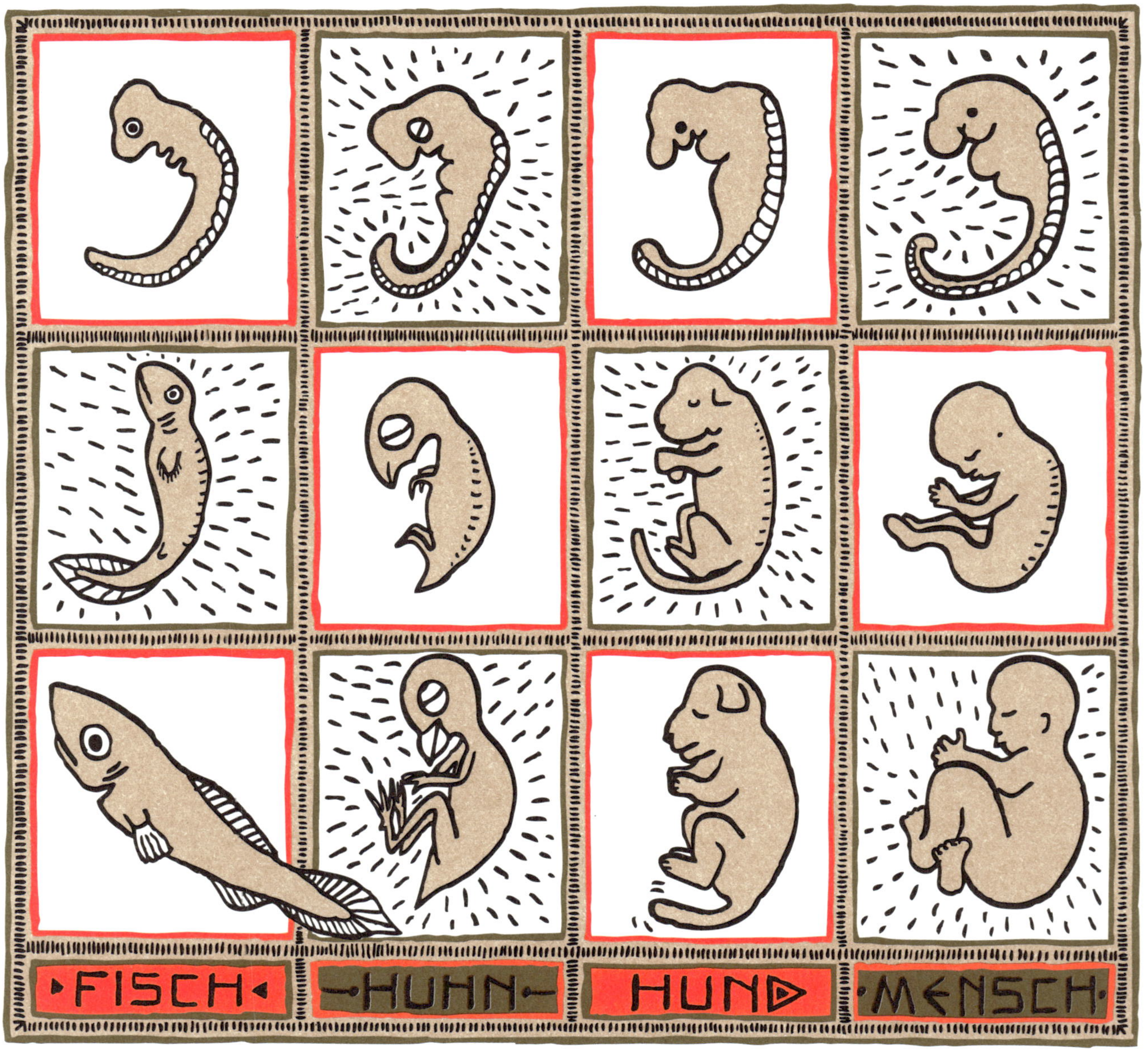

WARUM »SEHEN ALLE BABYS GLEICH AUS«?

Diese Antwort stimmt natürlich. Wir sind tatsächlich komplizierte mechanische Wesen. Unser Körper ist eine High-Tech-Maschine, die jede Minute rund eine Million Dinge tut, um uns am Leben zu halten – übrigens ohne dass wir uns jemals dafür bedanken. Und egal wie findig wir zusammengesetzt sind, wir alle haben als winzig kleines, einzelliges Etwas angefangen. Aber wenn man länger über diese Antwort nachdenkt, scheint das auch ein wenig schwach. Denn wir können nur deswegen aus einer Zelle zum Menschen werden, weil unsere DNA dafür sorgt. Und ein DNA-Molekül ist unglaublich kompliziert aufgebaut. So kompliziert, dass man durchaus glauben könnte, dass es von einem Gott entworfen wurde.

Trotzdem hat die Wissenschaft in Wirklichkeit noch mehr recht, als es schon auf den ersten Blick scheint. Denn gerade in der Phase vor deiner Geburt ist die Evolution perfekt zu erkennen. Je weiter du in deine eigene Vergangenheit zurückschaust, desto mehr ähnelst du anderen Tieren. Ganz zu Anfang, als du nur aus einer einzigen Zelle bestandest, war überhaupt kein Unterschied zu erkennen! Alle befruchteten Eizellen sehen gleich aus – von Vögeln, von Elefanten und von Fischen. Wenn sie sich verdoppeln von zwei auf vier, acht, sechzehn, zweiunddreißig und noch viel mehr, sieht man noch immer dasselbe Häufchen Zellen. Zwei Wochen später entstehen die ersten unterschiedlichen Zellen. Aus manchen wurde dein Herz, aus anderen dein Gehirn, deine Därme oder Muskeln. Schon nach drei Wochen schlug dein Herz, aber du sahst Vögeln, Fischen oder Reptilien immer noch sehr ähnlich. Es scheint sogar, als wärst du geradewegs dabei gewesen, ein Fisch zu werden …

WOHER KOMMT DIESER SELTSAME STRICH UNTER DEINER NASE?

Ob du es glaubst oder nicht, aber einst sahst du einer Makrele wirklich sehr ähnlich. Das war so ungefähr acht Monate vor deiner Geburt. Die Stelle, an der deine Augen entstanden, befand sich damals noch ganz an der Seite des Kopfes, wie bei einer Makrele. Erst später schoben sich deine Augen weiter nach vorne. Du hattest einen langen Schwanz, an den man eigentlich nur noch eine Flosse hätte kleben müssen, damit du wie eine Makrele hättest schwimmen können. Und an deinem Kopf entstanden plötzlich sehr deutlich sichtbare »Kiemenbögen«. Bei Fischen werden sie zu Spalten, die schließlich komplett geöffnet werden können, um Wasser hindurchzulassen. Bei dir haben sie sich, wenn alles gut gegangen ist, geschlossen. Manchmal werden Kinder geboren, bei denen ein solcher Kiemenbogen nicht ganz zu ist. Diese Kinder müssen dann operiert werden. Das ist einer der Nachteile, wenn man einen Fisch zum Vorfahren hat.

Deine Vergangenheit als Fisch kannst du auch ganz gut im Flugzeug beobachten oder in einem Aufzug, der schnell nach oben fährt. Du spürst, dass deine Ohren zugehen und dann ploppen, wenn du gähnst. Das kommt, weil du im Innenohr eine Öffnung hast. Das ist bei Fischen die Kiemenöffnung, die sie benutzen, um Wasser hindurchzulassen. Bei uns ist das die Eustachische Röhre geworden. Durch den Höhenunterschied verändert sich der Luftdruck in deinem Kopf. Wenn du gähnst, öffnet sich die Röhre kurz und der Druck normalisiert sich.

WARUM HAT TWEETY SO EINEN GROSSEN KOPF?

Schließlich verändern wir uns natürlich in ein ganz anderes Wesen. Und auch dabei erkennt man wieder die Evolution. Nach einigen Wochen sind vor allem Unterschiede zu Fischen und Amphibien sichtbar. Danach entsteht auch ein deutlicher Unterschied zwischen Vögeln und Menschen. Erst ganz zum Schluss sehen sich Menschen und andere Säugetiere weniger ähnlich. Der wichtigste Unterschied ist, dass wir riesige Gehirne haben und damit einen größeren Kopf. Nur Vögel haben im Verhältnis einen genauso großen Kopf, aber dafür gibt es eine ganz andere Ursache: Bei Vögeln ist der Kopf nämlich nicht wegen des Gehirns größer, sondern wegen der Augen, die den größten Teil des Kopfes füllen.

WIE WEISS EINE ZELLE DENN, OB SIE ZAHN, NASE ODER ZEHE WERDEN SOLL?

Nicht nur in der Evolution beginnen wir also als Fisch. Auch die allerersten Tage unserer Existenz verbringen wir in gewisser Weise »als Fisch«. Erst später in der Entwicklung unserer Zellen kommt es zu den Veränderungen. Aber wie geschieht das denn nun? Wie weiß eine Zelle, ob sie Hand, Bein oder Flosse, Hirnzelle oder Herzmuskel werden soll? Durch unsere DNA. Darin liegen alle Geheimnisse unserer Existenz. In diesem zwei Meter langen DNA-Molekül befinden sich alle Informationen, damit Jan Groß aus Diez zu Jan Groß aus Diez wird und eine Begonie zu einer Begonie.

WOMIT KANN MAN DNA AM BESTEN VERGLEICHEN?

Es ist schwierig, DNA mit irgendetwas zu vergleichen. DNA ist wie ein General, der ein Heer von Jan Groß- oder Begonienzellen befehligt. Aber in einem der vorigen Kapitel habe ich die DNA auch mit einer Bauanleitung in einem Baukasten verglichen, in der genau steht, wie man einen Jan Groß oder eine Begonie bauen soll, und mit einem Rezept aus einem Kochbuch für Jan Groß nach Diezer Art oder eine Begonie à la Fensterbank. Aber man kann DNA auch als eine Maschine sehen. Eine Maschine, die verschiedene Grundstoffe zu Knochen, Fleisch und Gliedmaßen oder zu Blättern, Wurzeln und Blumen knetet. Oder wie ein Computerprogramm: »Baue Zelle. Verdoppele Zelle. Bilde nach zwanzig Verdopplungen andere Zellen. Und so weiter.« In Wahrheit ist es nichts von alledem, sondern von allem ein bisschen. Die DNA enthält Regeln, an die sich eine Zelle halten muss. Sie enthält alle Aufträge, die eine Zelle ausführen muss. Sie enthält die komplette Bauzeichnung eines Lebewesens oder das Rezept, um eines »zuzubereiten«. Und sie kennt die verschiedenen Methoden, wie man die benötigten Zellen bildet oder verändert, tötet und aufräumt.

KÖNNEN DIE ZELLEN IN DEINEM KÖRPER MITEINANDER REDEN?

Die wichtigsten Bestandteile deiner DNA sind die Gene, kurze Stücke mit Informationen auf dem DNA-Molekül. Sie bestimmen, ob du braune oder blaue Augen, Fell oder Federn bekommst, wie ein Pantoffeltierchen aus einer einzigen Zelle bestehst oder aus hundert Trillionen Zellen wie ein Mensch. Gene haben so etwas wie einen Schalter zum Ein- und Ausschalten. Durch Einschalten setzen sie Aufträge in Gang: »Stelle dieses Eiweiß aus Aminosäuren her« oder »Baue dieses Eiweiß ab«. Mit ganz vielen dieser Aufträge können sie exakt die Zelle bilden, die sie an einer bestimmten Stelle brauchen. Die DNA weiß genau, an welcher Stelle sie Gene ein- oder ausschalten muss, denn die Zellen können mithilfe von Eiweißmolekülen miteinander »reden«.

Einfach ausgedrückt schicken sich Zellen Eiweißmoleküle zum Informationsaustausch. So wissen sie voneinander, wer sie sind und was sie tun oder werden müssen. Dank der Informationen aus den Zellen in der Umgebung bestimmt die DNA zum Beispiel, dass eine Zelle eine Hautzelle werden soll, dass sie sich in zwei andere Zellen teilen soll oder dass sie so bleiben soll, wie sie ist. Auf diese Weise können die Zellen gemeinsam zu einer Begonie werden oder zu Jan Groß aus Diez. Und nicht nur das, sie sorgen auch dafür, dass dein Finger heilt, wenn du dich geschnitten hast. Sie entdecken, dass dort eine Wunde ist, veranlassen, dass Stoffe frei werden, die das Blut gerinnen lassen und dass schließlich neue Hautzellen wachsen, die den Finger wieder verschließen.

WIE MACHT MAN EINE FLIEGE MIT EXTRA-FLÜGELN?

Wissenschaftler sind sehr gespannt auf all diese Informationen in unseren Genen und in unserer DNA. Sie wissen nämlich noch längst nicht, wofür genau jedes Gen vorgesehen ist und was der Rest unserer DNA so macht. Aber mit ihren Forschungen haben sie schon eine Menge entdeckt, vor allem durch Experimente mit Embryos – so heißen Tiere und Menschen, bevor sie geboren werden. Einmal haben sie zum Beispiel die Gene einer Fruchtfliege, die für die Bildung von Flügeln zuständig sind, an ein ganz anderes Stück des Embryokörpers gefügt. Und was passierte? An dieser Stelle entstanden einfach auch wieder Flügel. Sie schnitten Zellen eines frisch gelegten Salamander-Eis entzwei. Und was geschah? Es schlüpften zwei kerngesunde, vollkommen normale Salamander. Das Herumexperimentieren mit Genen und Embryos soll die Lebewesen nicht quälen. Es hat einen wichtigen Nutzen. Dank der Erkenntnisse, die Forscher dadurch gewonnen haben, ist es inzwischen möglich, auch menschliche Körperzellen aus diesen Zellen wachsen zu lassen. So gibt es zum Beispiel schon Menschen mit einer Harnblase, die aus solchen Zellen gezüchtet wurde.

WAS VERRÄT EIN VIRUS ÜBER UNSERE VERGANGENHEIT?

Die DNA ist nicht nur für Ärzte hilfreich, die eine neue Blase für ihre Patienten züchten möchten. Sie kann auch Erkenntnisse über die Evolution liefern. Nicht, dass wir in alten Fossilien noch DNA finden könnten, denn davon ist nach der langen Zeit nichts mehr übrig. DNA kann in einem sehr günstigen Fall ein paar tausend Jahre erhalten bleiben, aber das kommt nur selten vor. Man kann jedoch die DNA noch lebender Tiere nutzen. Das funktioniert ganz einfach. Deine DNA ist der deiner Eltern am ähnlichsten. Sie ähnelt aber auch der DNA deiner Großeltern noch sehr, jedoch schon weniger als der deiner Eltern. Je weiter du in der Zeit zurückgehst, desto größer werden die Unterschiede. Oder anders gesagt: Je mehr Vorfahren wir mit anderen Tieren teilen, desto mehr ähnelt unsere DNA der ihren.

So stimmt die DNA von Schimpansen oder Bonobos noch stark mit unserer überein. Zu fast 99 Prozent sogar. Wir liegen also in der Evolution dicht beieinander. Mit einer Katze teilen wir 90 Prozent. Und unsere DNA und die einer Fruchtfliege zeigen 60 Prozent Übereinstimmung. Man kann sogar noch weiter gehen: Erhebliche Abschnitte unserer DNA stimmen mit der von Quallen, Bäumen, Pilzen und Bakterien überein.

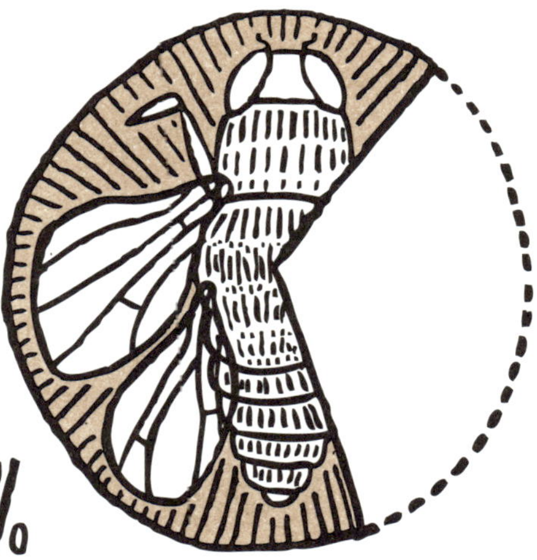

60%

99%

90%

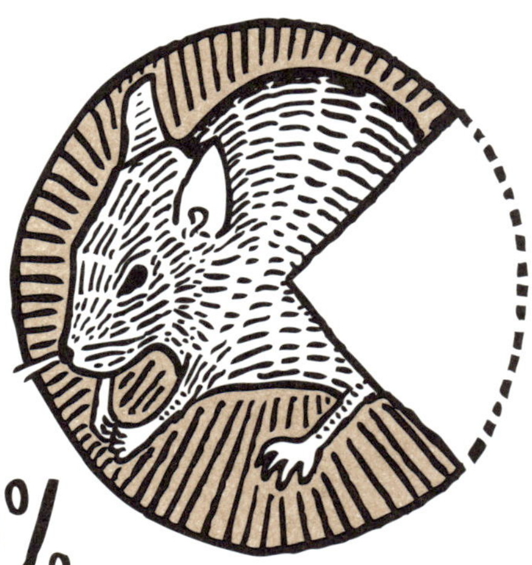

75%

WAS MACHT EIN NIESANFALL AUF DREI METER ENTFERNUNG MIT UNS?

Es gibt noch eine Methode, um zu sehen, wie weit wir von anderen Tieren entfernt sind, und die ist genauso praktisch wie der DNA-Vergleich. Sie arbeitet mit Retroviren. Das funktioniert so: Du hast sicherlich schon mal eine Grippe gehabt. Grippe entsteht durch Viren, kleine, fiese Stücke Mogel-RNA. Sie landen in deinem Körper, wenn du mit jemandem Kontakt hast, der dieses Virus hat. Der Kranke niest drei Meter von dir entfernt in deine Richtung – denn so weit kann jemand niesen. Du atmest die Virusmoleküle ein und *schwupp* nistet sich das Virus in deine DNA ein. Wenn es ein gefährliches Virus ist, kann es dich schwer krank machen und sogar töten.

Ein Retrovirus ist etwas Ähnliches wie ein Virus. Wenn es in eine Wirtszelle eingedrungen ist, wird seine RNA zu DNA umgeschrieben. Es verändert die DNA der Zelle, übernimmt dort mehr oder weniger das Sagen und springt von einer Zelle zur nächsten. Lebensgefährlich! Retroviren sind daher auch die größten Feinde von allem, was lebt. Aids zum Beispiel ist eine unheilbare Krankheit, die durch ein solches Retrovirus, abgekürzt HIV, verursacht wird. Ohne ständige Behandlung verläuft sie meist tödlich. Zum Glück bekommt man diese Viren nicht vom Niesen.

HATTEN AFFEN DIESELBE GRIPPE WIE WIR?

Retroviren gibt es schon seit Jahrmillionen. Sie haben entsetzlich viele Opfer gefordert. Aber ... nicht jedes Lebewesen stirbt daran. Manche Tiere finden doch noch eine Möglichkeit, sie zu überwinden. Sie leben einfach mit dem Retrovirus in ihrem Körper weiter. Und ihre Nachfahren auch. Das Retrovirus richtet dann keinen Schaden mehr an, aber es hat die DNA endgültig für sich selbst und für all seine Nachkommen verändert.

Wir können Retroviren in unserer DNA suchen und schauen, welche Tiere die gleichen Retroviren haben. Und was zeigt sich dann? Genau: Schimpansen sind oft Träger von Retroviren, die wir auch haben. Wir haben also zum großen Teil dieselben Vorfahren, die diese »Grippe« überlebt haben. Mit einem Gorilla teilen wir schon weniger Retroviren. Und mit einem Pavian – der kein Menschenaffe ist, aber dennoch eine nahe verwandte Art – noch weniger.

WARUM ÄHNELT EIN RIND EHER EINEM WAL ALS EINEM PFERD?

Je weiter ein Tier in der Evolution von uns entfernt ist, desto weniger finden wir übereinstimmende Retroviren und desto mehr weicht unsere DNA voneinander ab. Man kann auch die DNA anderer Tiere miteinander vergleichen, um zu sehen, wie eng sie miteinander verwandt sind. Und das liefert uns höchst interessante Informationen. Ein Beispiel? Der Hund stammt vom Wolf ab. Das wissen wir alle. Aber es gibt Hunde der japanischen Rasse Shiba Inu, die einem Fuchs zum Verwechseln ähnlich sehen. Warum sollten die vom Wolf abstammen und nicht vom Fuchs? Das scheint doch logischer? Dennoch zeigt sich bei der Analyse ihrer DNA, dass auch diese Hunde einen Wolf zum Vorfahren haben. Und nicht nur diese Hunde, sondern *alle* Hunde.

Noch ein Beispiel: Wer, glaubst du, ist näher miteinander verwandt – ein Rind und ein Pferd oder ein Rind und ein Wal? Ein Rind und ein Pferd? Falsch. Der Wal und das Rind sind entfernte »Neffen«, Rinder und Pferde viel weiter entfernte »Großneffen«. Wale, Rinder, Nilpferde und Schafe hatten dieselben Vorfahren. Den Beweis dafür lieferte der Vergleich ihrer DNA. Erst später fand man das Tier, von dem sie abstammten: *Indohyus*. Die ältesten Vorfahren von Walen haben also wie Fische im Wasser gelebt, ihre späteren Vorfahren haben auf dem Land gewohnt (wo sie Beine hatten) und danach sind die Wale wieder ins Wasser gegangen. So stößt man im Zusammenhang mit der Evolution auf die verrücktesten Geschichten!

Wie kann ein Schmetterling aussehen wie ein Vogel?

In Afrika und in Südamerika findet man genau die gleichen Frösche mit exakt der gleichen Form, denselben knalligen Farben und sogar derselben Farbzeichnung. Man könnte denken, sie seien ganz nahe Verwandte. Die Vorfahren dieser Frösche sehen jedoch völlig anders aus. Die Tierchen haben erst später in der Evolution ihr schillerndes Aussehen bekommen. Die eine Froschart in Afrika, die andere in Südamerika. Das scheint ein extremer Zufall zu sein, ist es aber gar nicht so sehr. Die Farbe hat nämlich einen bestimmten Nutzen: Sie warnt andere Tiere vor Gift. Die giftigsten Frösche und Insekten erkennt man an ihren grellen Farben.

Evolution heißt nicht unbedingt, dass Tiere sich immer mehr voneinander unterscheiden. Manchmal entwickeln sie sich zur zweckmäßigsten Form mit den geeignetsten Farben hin. Dann werden sie sich tatsächlich ähnlich. Bei Schmetterlingen gibt es das auch. Manche Arten sind nicht miteinander verwandt, aber kaum voneinander zu unterscheiden. Es gibt sogar einen Schmetterling, der aussieht wie ein Vogel: das Taubenschwänzchen, auch Kolibrischwärmer genannt. An Korallenriffen hat man Putzerfische, das sind kleine Fische, die große Fische wie Haie säubern; sie entfernen Parasiten von ihrer Haut und betätigen sich in der Mundhygiene, indem sie die Fleischreste zwischen den Haizähnen auffressen. All diese Putzerfischer sehen sich sehr ähnlich. Einer von ihnen sieht aus wie die Putzergarnele, die genau dasselbe macht, aber kein Fisch ist. So haben auch Asseln und Tausendfüßer große Ähnlichkeit. Aber verwandt? Fehlanzeige!

Können Fangschrecken Geige spielen?

Manchmal werden sich Tiere ähnlich, weil ihre Form zum Überleben so nützlich ist. Aber manchmal wird ein Tier einem anderen auch ähnlich, um wiederum andere Tiere hinters Licht zu führen. In der Nähe der bunten Giftfrösche leben manchmal andere Frösche, die eine genauso kräftige Farbzeichnung haben. Sie tun so, als wären sie genauso gefährliche Giftfrösche, aber in Wirklichkeit sind es vollkommen harmlose Tiere. So leben in der Nähe von Putzerfischen Mogel-Putzerfische, die den echten zum Verwechseln ähnlich sehen. Die großen Fische mögen es, wenn diese Tiere in ihre Nähe kommen. Aber während die großen Fische hoffen, gleich gesäubert zu werden, nehmen die Mogel-Putzerfische plötzlich einen Bissen von dem großen Tier. Danach machen sie, dass sie wegkommen.

So tun, als wäre man jemand oder etwas anderes, ist sehr praktisch. Vor allem, wenn man nicht gefressen werden will. Du hast vielleicht schon mal eine Motte gesehen, die wie ein Blatt aussah. Pfiffig, denn Mottenfresser mögen keine Blätter. Solange ihre Feinde glauben, dass sie es mit einem Blatt zu tun haben, ist die Motte sicher. Fangschrecken sind Weltmeister im Nachahmen anderer Tiere und Dinge. So gibt es Fangschrecken, die wie Blätter aussehen und andere, die nicht von Ästen zu unterscheiden sind. Es gibt Fangschrecken, die das Aussehen eines Baumrindenstücks perfekt annehmen können, und wieder andere, die eine Orchidee ganz wunderbar imitieren oder sich als dürres Holz, Ameisen, Schlangen oder Gras tarnen. Und es gibt sogar eine Fangschrecke, die aussieht wie eine Geige. Aber das ist purer Zufall.

WIE GING DAS WEITER MIT DEM FISCH IN UNS?

Evolution ist ein schwieriges Thema. Zu jeder Regel, die mit der Evolution zu tun hat, lässt sich eine Ausnahme finden und selbst zu dieser Behauptung gibt es wieder Ausnahmen. Nicht umsonst machen viele Menschen Denkfehler, wenn es um die Evolution geht. Einer der häufigsten Irrtümer ist, dass wir vom Schimpansen abstammen sollen. Ein weiterer Irrtum ist dieser: Wenn wir vom Affen abstammen, warum gibt es dann noch Affen? Und es gibt noch einen Denkfehler: Wenn wir von denselben Tieren abstammen wie die anderen Säugetiere, warum hat man dann noch nie ein Fossil von einem »Kaninchenmenschen« oder einem »Bärenmenschen« gefunden?

Wir stammen nicht vom Schimpansen ab, aber wir haben dieselben Vorfahren wie der Schimpanse. Das ist etwas ganz Anderes. Diese Vorfahren sahen einem Menschen nicht sehr ähnlich, einem Schimpansen aber auch nicht direkt. Es war einfach ein anderes Tier. Manche der Nachkommen haben sich zu Schimpansen entwickelt, andere gingen in eine ganz andere Richtung und wurden Menschen. Die Nachkommen unserer gemeinsamen Vorfahren verzweigten sich also. So geschah es auch mit den Vorfahren anderer Säugetiere. Nicht zufällig sprechen wir bei unseren Vorfahren von einem »Stammbaum«. Wir kommen vom selben Zweig wie die Schimpansen. Wenn man ein paar Verästelungen zurückgeht, hängen wir am selben Ast wie Kaninchen und Bären. Aber es gibt keine direkte Verzweigung zwischen Kaninchen und Bär oder Mensch. Deswegen wird man nie das Fossil eines Kaninchenmenschen oder Bärenmenschen finden.

IST DIE KOHLMEISE EINE GROSSNICHTE DES *TYRANNOSAURUS REX*?

Wenn du bis zum *Tiktaalik* zurückgehst, siehst du ziemlich bald eine solche Verzweigung. Vom *Tiktaalik* stammen die Amphibien ab und die Amphibienarten spalten sich nach ein paar Millionen Jahren. Die eine Gruppe bleibt Amphibien. Aus dieser Gruppe entstehen die Salamander und Frösche, die wir heute noch kennen. Die andere Gruppe entwickelt sich zu Reptilien. Das älteste gefundene Reptil ist *Hylonomus*, ein eidechsenähnliches Tier.

Kurz nach *Hylonomus* verzweigt sich auch dieser Ast wieder. Die eine Gruppe geht weiter in Richtung der Reptilien. Diese Gruppe ist über Millionen von Jahren ungeheuer erfolgreich. Bei weitem die meisten großen Landtiere in diesem Zeitraum sind Reptilien. Es ist auch das Zeitalter der Dinosaurier – alles Reptilien! In dieser Zeit leben die Wesen, aus denen der grausige *Pyropator*, der riesige *Diplodocus* und der furchterregende *Tyrannosaurus* entstehen, aber auch die Eidechse, der Gecko und die Schlange, die wir heute noch kennen. Außerdem entsteht eine Gruppe Dinosaurier mit »Rastahaaren«. Diese Haare verändern sich langsam zu Federn und aus diesen Tieren werden die Vögel. Die nette kleine Kohlmeise in deinem Garten ist also eigentlich eine entfernte Großnichte des *Tyrannosaurus rex*. Na ja, schon eine sehr weit entfernte!

EIN SÄUGETIER LEGT DOCH KEINE EIER?

Der andere Zweig, der aus dem *Hylonomus* entsteht, geht in Richtung der säugetierähnlichen Reptilien. Ganz langsam entwickeln manche Reptilien immer mehr Ähnlichkeit mit Säugetieren. *Estemmenosuchus* hat zum Beispiel ein Geweih und seine Haut hat keine Schuppen mehr wie die eines Reptils. Einige Zeit später läuft *Thrinaxodon* durch den Urwald. Dieses Tier hat keine Schuppen, kaut schon mit dem Gebiss eines Säugetiers und ist wahrscheinlich warmblütig. Reptilien sind Kaltblüter, sie brauchen die Wärme der Sonne, damit sie in Gang kommen. Säugetiere erzeugen die Wärme in ihrem Körper selbst und haben oft ein Fell, das sie warm hält. Wissenschaftler sind immer davon ausgegangen, dass Dinosaurier Kaltblüter gewesen sind, schließlich waren es Reptilien. Aber in den letzten Jahren hat man auch Dinosaurier mit einem Daunenflaum gefunden. Es könnte also sein, dass auch warmblütige Dinosaurier gelebt haben.

Wieder später in der Evolution begegnet man *Morganucodon* im Dschungel. Mit seinem Schnurrbart und seinen kurzen Haaren sieht das Tier einer Maus durchaus ähnlich. Es ist wahrscheinlich schon ein Warmblüter, aber es legt noch Eier, wie ein Reptil. Säugetiermütter legen keine Eier, sondern gebären fix und fertige Jungen. Meistens jedenfalls. Aber es gibt natürlich wieder Ausnahmen. Der Ameisenigel zum Beispiel ist so eine brütende Ausnahme. Und das Schnabeltier. Alle säugetierähnlichen Reptilien sind heute ausgestorben, aber den Ameisenigel und das Schnabeltier gibt es immer noch. Es sind dann auch keine säugetierähnlichen Reptilien mehr, sondern reptilienähnliche Säugetiere.

WAS ROTTETE DIE DINOSAURIER AUS?

In der Evolution scheinen manche Schritte fast unmöglich. Wie der Schritt von nicht-lebend zu lebend oder der von Meerestier zu Landtier. Aber es scheint jeweils eine Zwischenform zu geben, die zur Lösung beiträgt. Auch der Schritt vom Eier legenden zum lebend gebärenden Tier scheint eine nicht zu überbrückende Kluft. Und auch da gibt es eine Zwischenform: Der Übergang vom Ei zur Gebärmutter verläuft über den Beutel. Bei den Vorläufern der Kängurus findet man also die Antwort auf die Frage, wie es Säugetieren gelungen ist, das Ausbrüten eines Eis zu überspringen.

WARUM SCHLÜPFEN MENSCHEN NICHT AUS EINEM EI?

Der Beutel des Muttertiers übernimmt die Rolle der schützenden Eischale. Beuteltiere werden schon sehr jung geboren. Sie sind dann gerade mal so groß wie ein Würmchen. Im Beutel können sie sich weiterentwickeln. Und wenn sie ganz »fertig« sind, können sie dieses Fach vorne im Fell ihrer Mutter endlich verlassen. Bis dahin ist es im Beutel schön warm und sicher. Die Mutter braucht nicht mehr zu brüten, was natürlich viel praktischer ist als das, was Vögel oder manche Reptilien machen müssen. Pinguinmännchen zum Beispiel müssen während der kältesten Monate des Jahres an den kältesten Stellen der Erde ständig über einem Ei stehen bleiben. Das brauchen die Beuteltiere zum Glück nicht.

Säugetiere haben übrigens allerlei Vorteile gegenüber Vögeln und vielen Reptilien. Sie brauchen nicht zu brüten und sind daher sicherer, weil sie weg können, ohne dass ihre Eier womöglich abkühlen. Sie sind nicht von Wärme abhängig, weswegen sie auch gut nachts auf Beutejagd gehen oder in kühleren Gebieten wohnen können. Und sie können größere Gehirne entwickeln. Gehirne brauchen enorm viel Energie zum Wachsen. Dafür sind auch sehr viele Nährstoffe nötig. Selbst im größten uns bekannten Ei, dem Straußenei, stecken nur 2000 Kalorien. Mehr Kalorien gibt es für das Straußenküken nicht zum Wachsen. Aber eine Menschenmutter kann ihrem Baby diese Kalorienmenge innerhalb weniger Tage zur Verfügung stellen. Ein frisch geschlüpfter Strauß hat daher auch ein Gehirn von der Größe einer Walnuss, während ein Menschenbaby im Vergleich zu anderen Lebewesen einen riesigen Kopf hat.

Wie tödlich kann ein Meteorit sein?

Trotzdem hätte es all die hochgelehrten Menschen vielleicht nie gegeben, wenn die Erde nicht mehrfach von gigantischen Katastrophen heimgesucht worden wäre, so auch vor 65 Millionen Jahren. Zu jener Zeit waren die Reptilien noch übermächtig. Für größere Säugetiere war überhaupt kein Platz; nur nachts konnten mausähnliche Wesen sicher losziehen. Zwar waren die Meeressaurier im Wasser und die Flugsaurier in der Luft schon so gut wie ausgestorben, aber auf dem Land herrschten noch abscheuliche Dinos mit riesigen Ausmaßen. Doch das änderte sich, als etwas Schreckliches geschah. Was, wissen wir nicht genau, aber wir haben doch eine starke Vermutung. Fakt ist jedenfalls, dass vor etwa 65 Millionen Jahren etwas passierte, das dazu führte, dass jedes Landtier über fünf Kilo ausstarb.

Die meisten Wissenschaftler gehen davon aus, dass es sich bei dieser Katastrophe um einen gewaltigen Meteoriteneinschlag gehandelt hat. Man hat Spuren eines solchen Einschlags in Mexiko gefunden. Es klingt seltsam, dass so viele Tiere von einem einzigen Meteoriten vernichtet worden sein sollen. Aber es war auch nicht einfach so ein Einschlag. Allein schon die Schockwelle, das Erdbeben, das dieser Meteorit auslöste, war für alles Lebendige in einem Umkreis von Hunderten von Kilometern tödlich. In der Folge kam es auf der ganzen Erde zu vernichtenden Tsunamis. Die Hitze des Einschlags verursachte so gigantische Waldbrände, dass die Luft über dem gesamten Planeten mit Rußteilchen angefüllt wurde. Weil das Sonnenlicht die Erde nicht mehr erreichen konnte, kühlte diese ab.

Eine andere Erklärung ist die große Zahl schwerer Vulkanausbrüche in den letzten Jahren der Dinosaurier. In Indien zum Beispiel gab es gewaltige Ausbrüche, die zu einer riesigen Menge von Ascheteilchen in der Luft führten. Manche sind der Ansicht, allein diese Ausbrüche seien so schlimm gewesen, dass sie reichten, um die Dinosaurier aussterben zu lassen.

Von Maus zu Mensch?

Was auch immer geschehen sein mag, das Zeitalter der Dinosaurier endete vor etwa 65 Millionen Jahren. Danach erholte sich die Erde wieder. Langsam, aber sicher, rappelte sich das Leben an Land wieder auf. Aber die Macht der Reptilien war gebrochen. Nur die kleinsten unter den Tieren hatten die Katastrophe überlebt. Jetzt brach das Zeitalter der Säugetiere an. Erst waren das nur kleine Nagetiere. Aber schon bald entwickelten diese sich an Land zu Tigern, Elefanten, Hirschen und Affen mit ihren großen Gehirnen. Zum Glück, denn mit einem Reptiliengehirn wärst du nicht schlau genug gewesen, um lesen zu lernen.

— TEIL 10 —

IST DIE SACHE MIT DER EVOLUTION ÜBERHAUPT GANZ BEWIESEN?

DIE EVOLUTION – SINN ODER UNSINN?

Etwa 60 Prozent aller Niederländer und Deutschen sind von der Evolution überzeugt. In Skandinavien sind es noch mehr Menschen: achtzig Prozent, aber in Großbritannien ist es nur die Hälfte aller Einwohner. In den USA glaubt mehr als die Hälfte der Bevölkerung, Gott habe die Erde in genau sechs Tagen geschaffen. In den islamischen Ländern liegt diese Zahl vermutlich noch höher. Stimmt das denn dann überhaupt mit der Evolution?

Dass so viele Menschen die Evolution in Frage stellen, ist nicht ungewöhnlich. In vielen Schulen wird die Schöpfungsgeschichte aus der Bibel im Unterricht erzählt. Auch bei uns. Wenn man nie eine andere Erklärung für das Leben auf der Erde gehört hat, glaubt man vielleicht an diese Geschichte. Wer jedoch die Evolutionstheorie kennt, wird sich meist davon überzeugen lassen.

SIND ALLE WISSENSCHAFTLER VON DER EVOLUTION ÜBERZEUGT?

Es gibt fast keine Wissenschaftler mehr, die glauben, die Erde sei höchstens zehntausend Jahre alt. Wenn man tatsächlich annimmt, die Erde und das Weltall seien so jung, zweifelt man an allen Physikern, Chemikern, Biologen, Astronomen, Geologen und sogar Mathematikern. An *all* diesen Wissenschaftlern? Nein. Es gibt ein paar Ausnahmen, die Theorien mit Erklärungen anbieten, wie die Schöpfung doch in sechs Tagen stattgefunden haben könnte. Ihre Kollegen nehmen sie jedoch nicht allzu ernst, denn es gibt sehr viele Beweise für eine Milliarden Jahre alte Erde.

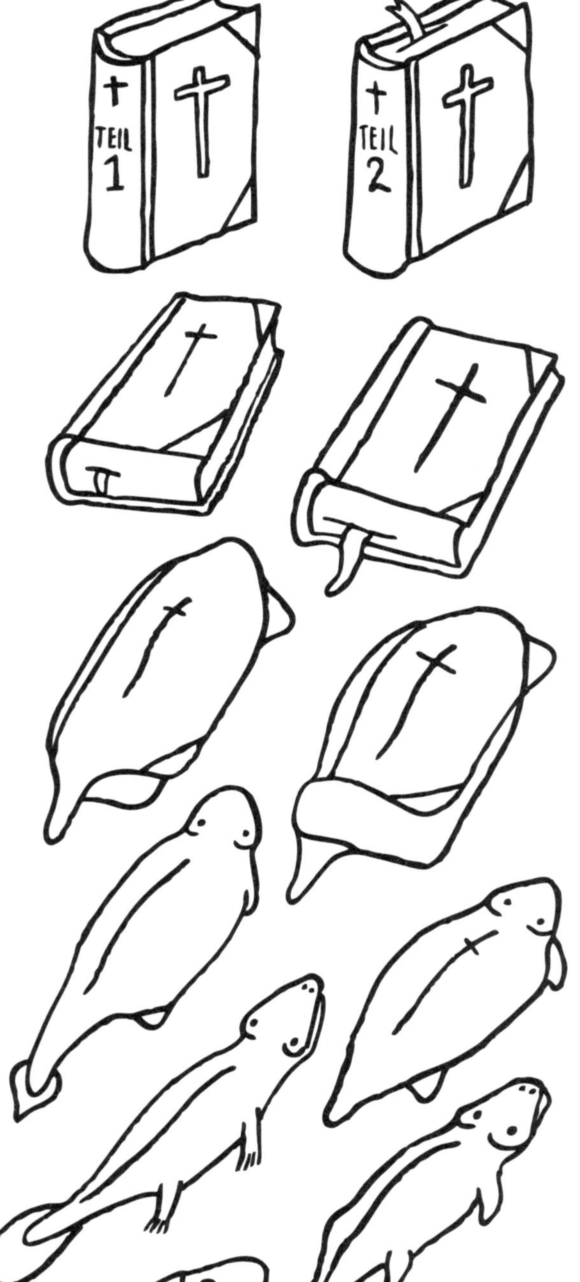

Menschen, die wörtlich glauben, Gott habe die Erde geschaffen, heißen Kreationisten. Den Begriff der Schöpfung kann man nämlich auf zweierlei Weise verstehen. Man kann glauben, dass Gott die Erde geschaffen hat, aber dass dies evolutionsähnlich in Milliarden von Jahren stattfand. Dann glaubt man also an Gott *und* die Evolution. Es gibt etliche Menschen, die das tun, unter ihnen auch viele Wissenschaftler. Aber wenn ich in diesem Buch von Kreationisten spreche, meine ich Menschen, die leugnen, dass es eine Evolution gegeben hat. Sie glauben, dass alles, was in der Bibel steht, tatsächlich so geschehen ist. Alles.

In der Bibel steht nichts über Evolution, Fossilien und die Entstehung neuer Arten. Deswegen kann die Evolutionstheorie nach Ansicht der Kreationisten nicht wahr sein. Sie haben eine ganze Menge Argumente, die aufzeigen sollen, dass die Bibel recht hat. Und sie stellen Fragen, die einen doch wieder ins Grübeln bringen ...

»DIE EVOLUTIONSTHEORIE IST EINE THEORIE. DIE EVOLUTION IST ALSO NICHT BEWIESEN.«

Eine Theorie ist eine wissenschaftliche Erklärung. Man hat ein Problem und versucht, durch intensives Nachdenken eine Antwort darauf zu finden. Die Antwort nennt man Theorie. Darwin fragte sich, wie wohl das Leben auf dem Land entstanden ist. Anhand logischer Argumente überlegte er sich, dass der Übergang von Fischen zu Reptilien über Amphibien verlaufen sein musste. Das war also seine Theorie.

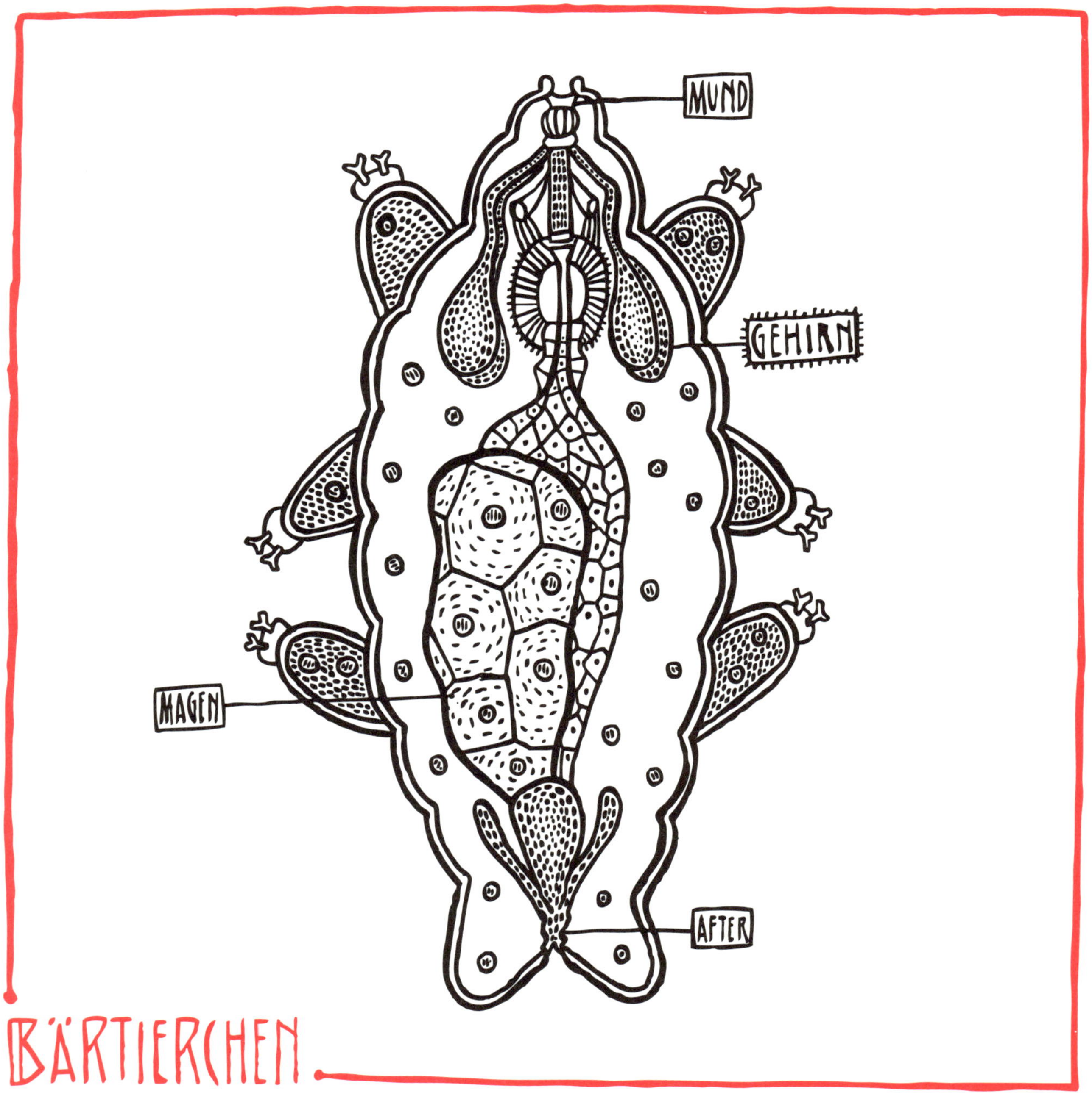

Welches Tier wird am längsten auf der Erde überleben?

Das Gegenteil von Theorie ist Praxis. In der Praxis sucht man eine wissenschaftliche Erklärung, indem man die Wirklichkeit studiert. Zum Beispiel: Gibt es mehrzellige Tiere, die sowohl eine Temperatur von minus zweihundert Grad Celsius als auch eine von zweihundert Grad über Null überleben können? Man braucht kein Professor zu sein, um zu wissen, wie man diese Frage angehen müsste. Man könnte theoretisch Tiere in einen Ofen und danach in eine Kühlkammer stecken und dann nachschauen, ob sie noch leben. Das solltest du bei Enten, Fröschen oder Jan Groß aus Diez natürlich gar nicht erst versuchen. Die sterben ganz sicher. Aber bei Bärtierchen sieht die Sache schon anders aus.

Bärtierchen sind kleine Tiere, die nur etwa anderthalb Millimeter groß werden. Sie kommen überall auf der Erde vor: in Quellen mit kochendem Wasser, aber auch auf den Gipfeln des Himalaja, wo es bis minus sechzig Grad Celsius kalt werden kann. Insofern ein ideales Testtier. Erhitze ein Bärtierchen also auf zweihundert Grad, kühle es anschließend auf minus zweihundert ab und schau nach, ob es noch lebt. Und was passiert? Das Bärtierchen erwacht nach dieser Tortur aus seinem Schlaf, gähnt kurz und geht seinem Bärtierchenalltag nach, als wäre nichts gewesen.

Also gut, das Gähnen habe ich erfunden. Aber der Rest stimmt wirklich! Sollte die Erde jemals zu einem unwirtlichen Planeten mit Temperaturschwankungen von vierhundert Grad werden, wird das Bärtierchen höchstwahrscheinlich weiterleben.

Warum meinen manche Leute, der *Tiktaalik* sei kein Beweis?

Wie ist es denn nun in der Praxis mit der Evolutionstheorie? Tatsache ist, dass man unglaublich viele Fossilien gefunden hat, die zeigen, dass die Arten durch Evolution entstanden sind. Sieh doch nur mal *Thrinaxodon* und *Morganucodon*, die sich zwischen Säugetier und Reptil befanden. Oder denke an den *Tiktaalik* zwischen Amphibie und Fisch.

Aber für die echten Kreationisten sind diese Fossilien kein Beweis. Der *Tiktaalik* mag dann zwar gefunden sein, aber einen Übergang vom *Tiktaalik* zu *Acanthostega* haben wir immer noch nicht. Und auch wenn so ein »*Tiktaalostega*« gefunden wäre, wären sie zweifelsohne noch immer nicht zufrieden. Dann wollten sie ganz bestimmt einen Übergang zwischen diesem »*Tiktaalostega*« und *Acanthostega* sehen. Außerdem finden Kreationisten, dass sich Fossilien zu sehr voneinander unterscheiden. Ihre Größe variiert und auch die Zahl der Fingerknochen ändert sich regelmäßig. Nach Ansicht der Kreationisten können sie deswegen nichts miteinander zu tun haben.

GIBT ES WERWÖLFE UND STRAUSSENMENSCHEN?

Witzigerweise gibt es auch Menschen mit abweichender Zehenzahl oder Körpergröße. Viele Angehörige des Vadomastamms in Afrika haben nur zwei Zehen an den Füßen, wie ein Strauß. Das ist eine kleine Abweichung in ihren Genen. Sie selbst finden das durchaus praktisch, denn beim Klettern in den Bäumen sind diese Straußenfüße sehr nützlich.

In Ecuador wiederum gibt es viele Menschen mit einer anderen genetischen Abweichung: Sie bleiben sehr klein. Obwohl sie weitgehend denselben Körperbau haben wie andere Menschen, reichen sie ihnen nur bis zur Taille. Aber auch sie sind zufrieden, denn zwei schwere Krankheiten, unter denen viele Menschen leiden, sind ihnen gänzlich unbekannt: Krebs und Diabetes.

In Mexiko leben viele Menschen, die überall am Körper Haare haben, sogar im Gesicht. Auch das haben sie ihren Genen zu verdanken. Die Ganzkörperbehaarung erinnert an Werwölfe. Es gibt

noch mehr Menschen auf der Erde, die davon betroffen sind, denn in der Natur kommen auch Abweichungen vor. Manchmal sind diese Abweichungen praktisch und so entstehen Unterschiede zwischen Menschen.

STAMMST DU VON DSCHINGIS KHAN AB?

Wäre Dschingis Khan ein Vadoma gewesen, hätten wir zwei Zehen vielleicht gar nicht so seltsam gefunden. Dschingis Khan war ein mächtiger Heeresführer, der vor achthundert Jahren in der Mongolei herrschte. Überall mordete und plünderte er und in der Zwischenzeit zeugte er mit vielen verschiedenen Frauen jede Menge Kinder. Seine Söhne taten es ihm nach und auch ihre Kinder waren bestimmt nicht untätig. Mithilfe von DNA-Untersuchungen haben Wissenschaftler nachgewiesen, dass mindestens acht Prozent aller Männer in Asien (das ist ein halbes Prozent aller Männer auf der Erde) direkt von diesem mongolischen Herrscher abstammen.

Aber Dschingis Khan war kein Vadoma. Und die Vadoma sind keine kriegslüsternen Menschen, die überall plündern und Kinder hinterlassen. Wie wir aussehen, hängt also auch zum Teil vom Zufall ab. Die Zahl der Zehen, die Körpergröße: Alles kann abweichen. Sogar innerhalb einer Art. Und häufig *gibt* es einfach keine Zwischenformen. Denn zwischen uns und den Vadomamenschen gibt es keinen Stamm mit drei- oder vierzehigen Menschen. Aber Fossilien und Zwischenformen brauchen nicht den einzigen Beweis für die Evolution zu bilden. Denn es gibt noch eine Methode, die Evolution in der Praxis zu beweisen.

WIE KANN MAN SELBST EVOLUTION SEHEN?

Man kann das Wirken der Evolution überall sehen, wenn man nur gut hinschaut. Zum Beispiel an den bereits erwähnten Motten in London, die früher, als die Stadt noch viel schmutziger und verrußter war, viel dunkler waren als heute. Oder indem man beobachtet, wie das Leben in der Natur immer in Bewegung ist und in einem sich verändernden Gebiet immer wieder Arten hinzukommen oder verschwinden. Oder wenn man mit Fischern aufs Meer fährt, denn sie können einem erzählen, dass der Kabeljau, den sie fischen, immer kleiner wird.

Diese Fische werden kleiner, weil heutzutage kein kleiner Kabeljau mehr gefangen werden darf. Den Bestimmungen nach muss ein Kabeljau mindestens 35 Zentimeter lang sein, sonst muss er ins Meer zurückgeworfen werden. Es lohnt sich also für die Fische, klein zu bleiben, und das ist zu merken. In den letzten Jahren ist der Kabeljau viel kleiner geworden. Er wird früher erwachsen und beginnt früher mit der Fortpflanzung. So gibt es Hunderte von Evolutionsbeispielen direkt vor unserer Nase.

KANN SICH EINE EIDECHSENART INNERHALB VON NUR 36 JAHREN VERÄNDERN?

Man kann die Evolution auch selbst auf die Probe stellen. Das tat der Biologe Anthony Herrel. Er setzte fünf Eidechsenpaare auf einer Insel aus, von der sie nicht stammten. Erst nach 36 Jahren kehrte er zurück und fand die Nachkommen dieser fünf Paare. Das konnte er anhand ihrer DNA erkennen. Herrel verglich die Eidechsen mit der Art, von der sie abstammten, und entdeckte schon nach dieser Zeit eine starke Veränderung der Inseleidechsen. So waren zum Beispiel ihre Köpfe viel größer geworden und sie konnten kräftig zubeißen. Und im Gegensatz zu ihren Artgenossen fraßen sie vor allem Pflanzen statt Insekten. Offensichtlich war es auf der Insel einfacher, pflanzliche Nahrung zu finden. Ihre Artgenossen, die währenddessen weiterhin auf dem Festland wohnten, hatten sich in dieser Zeit nicht verändert, denn für eine Veränderung gab es überhaupt keinen Grund.

36 Jahre sind eine ziemlich lange Zeit, wenn man auf das Ergebnis eines Experiments wartet. Es geht auch schneller. Aber dann muss man auf Arten zurückgreifen, die sich viel schneller fortpflanzen, zum Beispiel Bakterien. Die können das innerhalb weniger Stunden oder sogar Minuten. Biologen experimentieren daher gern mit diesen Lebewesen. Vor allem *Escherichia coli* sind sehr beliebte Versuchskaninchen. Das ist ein sehr alltägliches Bakterium auf der Erde, es kommt etwa hundert Milliarden Mal vor, so auch zum Beispiel in großer Zahl in deinem Darm, und es eignet sich ausgezeichnet für Experimente.

WELCHES LANGWEILIGE EXPERIMENT DAUERTE ZWANZIG JAHRE?

Das Experiment ging folgendermaßen: Die Bakterien wurden in Schalen gesteckt, dazu kamen Glukose und Zitrat. Glukose ist eine Zuckerart und Zitrat ist das Salz der Zitronensäure und nicht essbar. Anschließend wartete man, was passieren würde. Würdest du dieses Experiment selbst durchführen, könntest du sehen, dass sich die Bakterien anfangs stark vermehren. Zu einem bestimmten Zeitpunkt hört dies jedoch auf. Das ist logisch, denn irgendwann ist die Glukose aufgebraucht und dann ist nichts mehr zu essen da. Es können also keine neuen Exemplare mehr hinzukommen.

Das sahen die Forscher natürlich auch. Aber am nächsten Tag nahmen sie ein paar Bakterien aus der Schale vom Tag zuvor und wiederholten das Experiment. Und an den folgenden Tagen taten sie dasselbe. Woche um Woche, Jahr für Jahr. Zwischendurch verglichen sie regelmäßig die Bakterien und die Mengen.

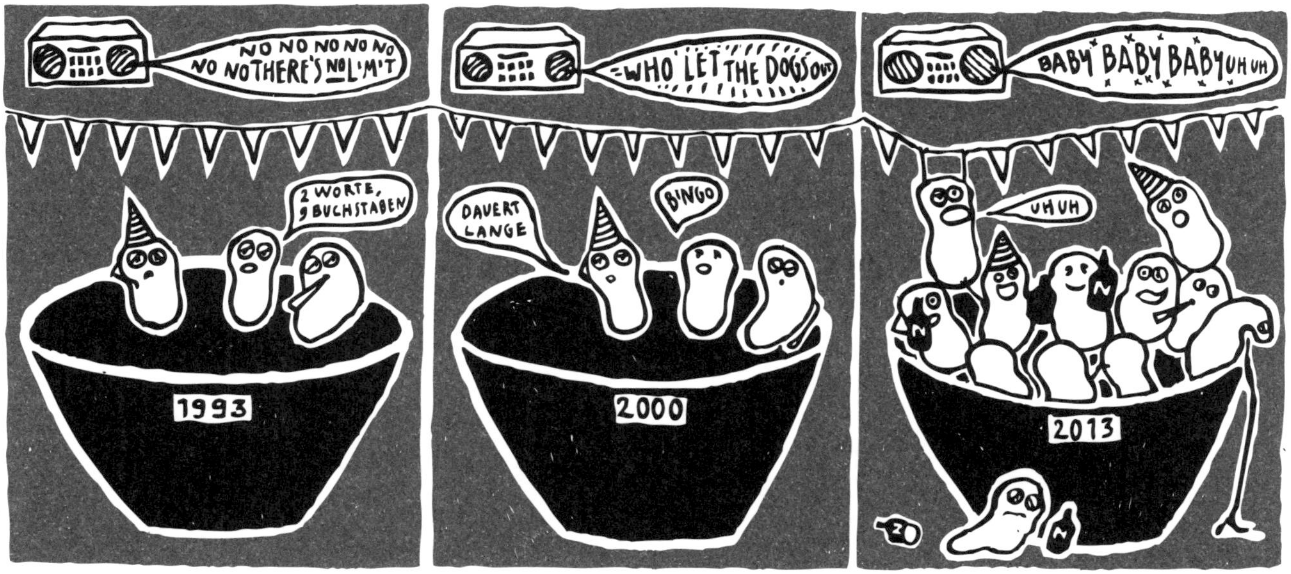

UND HAT SICH DIESES EXPERIMENT GELOHNT?

Es klingt wie ein außergewöhnlich langweiliges Experiment. Langweilige Bakterien in langweiligen Schalen mit langweiliger Nahrung. Und das zwanzig Jahre lang. Trotzdem konnten die Forscher so sehr schön die Unterschiede sehen zwischen den heutigen Bakterien, ihren Eltern, Großeltern, Urgroßeltern, Ur-Urgroßeltern ... und so weiter (wenn du die Reihe bis ganz zum Schluss durchgingst, bekämst du fünfundvierzigtausend Mal »Ur« hintereinander). Bei Bakterien braucht man dafür also zwanzig Jahre. Übertragen auf Menschen entspräche das Vorfahren, die vor einer Million Jahren lebten.

Die Studie hat sich jedoch gelohnt, denn etwas hatte sich tatsächlich sehr gründlich verändert. Die Menge der Bakterien in so einer Schale wuchs täglich, denn die Bakterien wurden immer besser darin, sich in einer Schale mit Glukose zu ernähren und fortzupflanzen. Das hatten die Forscher auch in etwa so erwartet, aber nach ungefähr 33 000 Urenkeln passierte etwas richtig Spektakuläres. Etwas, das die Langeweile des Wartens über all die Jahre hinweg mit einem Schlag ausbügelte: Von dem Moment an wuchs die Zahl der Bakterien nämlich enorm! Die Kolonien wurden gut sechs Mal größer. Und nicht allmählich, sondern fast von einem auf den anderen Tag.

WAS SAGEN DIE BAKTERIEN ÜBER DIE EVOLUTIONSTHEORIE AUS?

Was war passiert? Wie hatten die Bakterienkolonien in so kurzer Zeit nun so spektakulär wachsen können? Manchen Bakterien war es plötzlich gelungen, auch das ungenießbare Zitrat als Nahrungsquelle zu verwenden. Damit war auf einmal sehr viel mehr zu essen in der Schale. Die Bakterien hatten sich innerhalb kurzer Zeit zu einer ganz anderen Art gewandelt, die in so einer Schale viel besser überleben konnte. Eine Art mit einem komplett anderen Speiseplan. Als würdest du plötzlich Steine essen können, wenn du Hunger hast. Das ist keine Evolution mehr, das ist eine Revolution! Dieses Experiment war ein gewaltiger Durchbruch in unserem Denken über die Evolution. Die kann also sehr gleichmäßig erfolgen, aber schlagartig auch blitzschnell.

Zurück zur Evolutionstheorie. Durch logisches Nachdenken erklärte Darwin, wie verschiedene Arten entstehen können. Das ist die Theorie. Die Wirklichkeit beweist, dass die Evolution direkt vor unseren Augen stattfindet. Das ist die Praxis. Darwins Theorie ist noch immer eine Theorie, obwohl sie jetzt von allen Seiten bewiesen ist. Eine Theorie braucht also kein »unbewiesener Gedanke« zu sein. Eine Theorie kann auch eine feststehende Tatsache sein.

»DIE NATUR IST SO SCHÖN, DIE MUSS SICH EIN GOTT AUSGEDACHT HABEN ...«

Die Natur ist so schön, die muss sich ein Gott ausgedacht haben.« So steht es fast wörtlich am Anfang dieses Buchs. Und hör doch nur mal den Vögeln im Mai zu. Oder schau mal – die untergehende Sonne über den verschneiten Berggipfeln, die Farben der Korallen oder wie genial manche Tiere gebaut sind! Wie kann es sein, dass all diese Schönheit durch Evolution entstanden ist? Trotzdem gibt es auch eine andere Seite. Eine hässliche, düstere. Die Seite des Großen Leberegels zum Beispiel ...

FÜR WEN STIRBT DAS SCHAF EINEN LANGSAMEN UND SCHMERZHAFTEN TOD?

Manchmal kann man auf Weiden Ameisen an der Spitze eines Grashalms sitzen sehen. Was machen die Ameisen dort? Wollen sie die Aussicht genießen? Nein. Die Ameisen haben dort nichts zu suchen. Es gibt da keine Nahrung und es ist lebensgefährlich. Jeden Moment könnten sie von einem Schaf gefressen werden. Und genau das ist beabsichtigt … nicht von der Ameise, sondern von einem kleinen, elenden Würmchen: dem Großen Leberegel. Dieses Würmchen ist so klein, dass es sich im Gehirn einer Ameise einnisten kann. Und so übernimmt das Tier das Sagen im Oberstübchen der Ameise. Es kriecht ins Gehirn und verändert das Verhalten der armen Ameise, sodass die sich plötzlich am Grashalm festbeißt. Genau das will der Leberegel.

Große Leberegel haben nämlich ein Ziel. Sie müssen zusehen, dass sie in den Därmen eines Schafs landen, denn dort können sie sich fortpflanzen. Und für die Reise vom Boden zu den Därmen eines Schafs verändern sie die Ameise in eine Art Zombie. Diese Zombieameise wird vom Schaf gefressen. Die Leberegel gelangen über den Magen in die Leber des Tiers, steigen dann um und reisen über das Blut weiter. Nach einigen Wochen gelangen sie ins Verdauungssystem, wo sie Eier legen. Die Larven, die daraus schlüpfen, können sich am Kot satt essen, ihrer Lieblingsspeise. Die lange Reise des Leberegels war erfolgreich!

Sehr schön für den Leberegel, aber sehr unangenehm für die Ameise. Denn die stirbt. Und auch unangenehm für das Schaf. Denn das kann von dem Leberegel in seinem Körper krank werden und sogar einen schmerzhaften, elenden Tod sterben. Und nicht nur Schafe, sondern auch Pferde, Kühe und andere Grasfresser sterben daran.

ES LEBE DIE NATUR?

Und das ist nur *eine* Art Leberegel. Es gibt auch noch andere, die zum Beispiel Vögel heimsuchen.

Für die Nachfahren einiger unbedeutender, mickriger, gemeiner Saugwürmer müssen also allerlei wundervolle Tiere sterben. Es lebe die Natur? Das wäre ja noch schöner! Natur heißt auch, dass Schafe, Babyeisbären und junge Seehunde sterben. Dass es Krankheit und Hunger gibt. Oder – *auch* schlimm – dass du nachts von einer Mücke am Schlafen gehindert wirst.

Wenn man irgendwo Mord, Plünderungen und Grausamkeit findet, dann in der Natur. Tiere können kein ewiges Leben haben. Das ist durchaus verständlich. Letzten Endes müssen sie sterben. Aber warum auf so elende und gemeine Art? Die Natur ist also gar nicht so schön. Und auch wir sind weniger genial, als wir denken. Hast du manchmal Schluckauf? Da bist du nicht der Einzige. Sehr viele Säugetiere leiden darunter. Und der Amerikaner Charles Osborne erst: Der hatte 68 Jahre lang Schluckauf, bis zu seinem Tod. Papst Pius XII ist sogar daran gestorben! Welchen Nutzen hat dieses absonderliche Leiden? Nun, einen Nutzen hat der Schluckauf nicht. Aber wir wissen genau, woher er kommt – nämlich daher, dass unsere Vorfahren Fische waren!

WARUM HAT EIN HAI NIE SCHLUCKAUF UND DU SCHON?

Über manche Dinge brauchen wir nicht nachzudenken. Atmen zum Beispiel geht ganz von allein. Das ist auch gut so. Stell dir mal vor, du müsstest während einer Klassenarbeit ständig »einatmen, ausatmen« denken, damit du nicht stirbst. Auch bei Fischen geht das Atmen ganz von selbst. Dafür ist ein bestimmter Teil ihres Gehirns zuständig, damit sie sich ansonsten mit wichtigeren Dingen beschäftigen können. Nicht einmal Lungenfische und Amphibien brauchen sich dafür anzustrengen. Aber für sie ist Luftholen schon ein bisschen gefährlicher.

Sie müssen Sauerstoff in die Lunge bekommen, aber kein Wasser. Deswegen haben sie einen Nerv, der dafür sorgt, dass sich ihre Luftröhre sofort schließt, wenn Wasser in die Lunge einzudringen droht. Wir haben diesen Nerv von den Amphibien geerbt, auch wenn wir nicht mehr so oft ins Wasser tauchen.

Wir atmen, indem wir einen Teil unseres Bauchs, das Zwerchfell, auf und ab bewegen. Bei uns verläuft dieser Nerv also von unserem Gehirn bis zum Nabel. Und sobald dieser Nerv gereizt wird, schließt er unsere Kehle für einen Moment. Das ist dieselbe Reaktion, mit der Amphibien verhindern, dass Wasser in ihre Lunge gelangt. Aber bei uns äußert sich das als Schluckauf. Meistens folgen dem ersten Hickser noch ein paar weitere. Wenn du ihn innerhalb von fünf Mal stoppen kannst, hast du Glück, denn wenn das nicht klappt, wird eine Art Mechanismus in unserem Körper in Gang gesetzt, der dafür sorgt, dass der Schluckauf immer weiter geht. Deswegen kann es so lange dauern. Das Problem ist, dass dieser »Wasserverschließnerv« bei uns regelmäßig gereizt wird. Das kommt, weil er so lang ist. Ein kluger Konstrukteur hätte einen sehr kurzen Nerv vom Zwerchfell zu unserer Kehle laufen lassen. Dann würde er einem weniger oft lästig werden. Bei Fischen verläuft der Nerv vom Gehirn zu den Kiemen. Das ist nur ein sehr kurzes Stück. Deswegen hat ein Hai nie Schluckauf.

WARUM BEKOMMEN WIR DIE NERVEN VON EINEM FISCH?

Unsere Nerven sind der perfekte Beweis dafür, dass unter unseren Vorfahren Fische waren. Bei Fischen verlaufen diese Nerven ausgesprochen logisch, also über den kürzesten Weg von einem Körperteil zum anderen. Aber unsere Vorfahren haben sich sehr langsam vom Fisch bis hin zu unserem heutigen Körperbau verändert. Und damit mussten die Nerven einen immer längeren und komplizierteren Weg zurücklegen. So haben wir einen Nerv, der von unserem Gehirn zu unserem Kehlkopf im Hals verläuft. Das sind knapp zehn Zentimeter, wenn man es mit einem Lineal misst, nicht aber für diesen Nerv. Denn der läuft schnurstracks in unseren Brustkasten, legt sich anschließend in ein paar seltsame Krümmungen und geht erst dann in unsere Kehle. Und glaub bloß nicht, dass wir damit am merkwürdigsten gebaut sind. Eine Giraffe hat einen viel längeren Hals. Bei diesem Tier verläuft der Nerv über den gesamten Hals hinunter und wieder hoch und legt dabei fast fünf Meter zurück. Ein Stück, für das auch ein paar Zentimeter gereicht hätten.

Ein Flugzeugbauer kann von einem auf den anderen Tag beschließen, einen Propeller durch ein Düsentriebwerk zu ersetzen. Aber die Evolution funktioniert nicht so einfach. Will man aus einem Propeller- ein Düsenflugzeug machen – und jede Zwischenform soll gut fliegen können (denn in der Evolution muss ja jede Zwischenform lebensfähig sein) – bekommt man zum Schluss ein höchst merkwürdiges Düsentriebwerk. Und es tut mir leid, dass ich das so sagen muss, aber du und ich, wir sind mindestens so wunderlich gebaut wie dieser merkwürdige Düsenantrieb …

WARUM KRIEGEN WIR GÄNSEHAUT?

Und so gibt es noch mehr verrückte Sachen in der Natur. Höhlensalamander haben Augen und das, obwohl sie im Stockdunkeln leben und nie das Tageslicht sehen. Wozu brauchen sie dann Augen? Sie haben nur Probleme damit. Augen kosten Energie und machen anfällig für Krankheiten. Trotzdem haben Höhlensalamander welche – weil sie von Salamandern abstammen, die sehr wohl am Licht lebten.

Wir bekommen Gänsehaut, wenn wir frieren. Das ist überhaupt nicht sinnvoll. Warum kriegen wir sie dann? Weil wir von Tieren mit einem Fell abstammen. Denen wird es wärmer, wenn sie ihre Haare aufstellen.

Jeder, der sich schon mal das Steißbein gestoßen hat, fragt sich, wofür dieses nutzlose Ding eigentlich da ist. Wir haben es, weil unsere Vorfahren einen Schwanz hatten. Das Steißbein ist der Überrest.

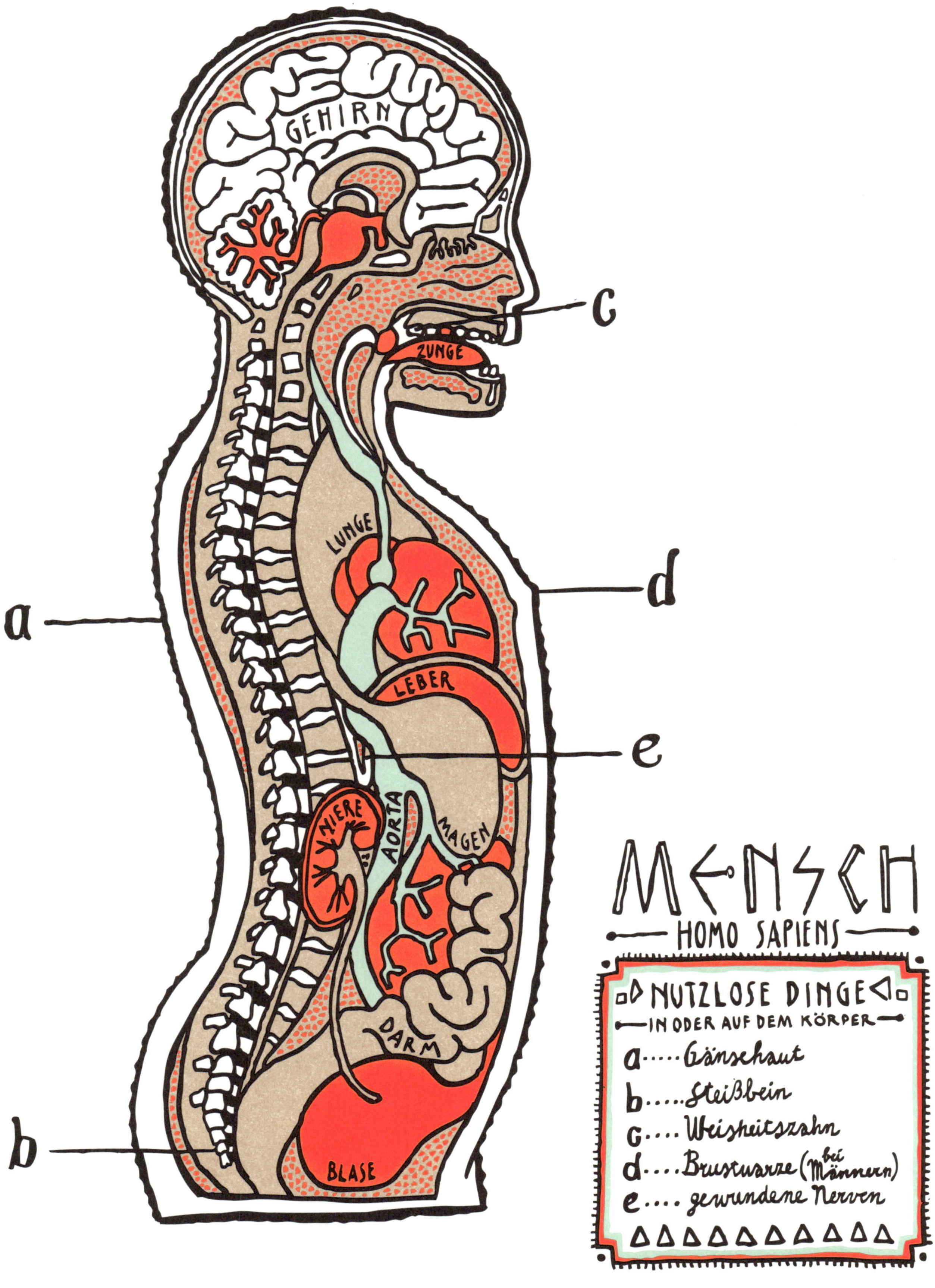
GEHIRN
ZUNGE
LUNGE
LEBER
NIERE
AORTA
MAGEN
DARM
BLASE
a
b
c
d
e
MENSCH
HOMO SAPIENS
NUTZLOSE DINGE
IN ODER AUF DEM KÖRPER
a.... Gänsehaut
b..... Steißbein
c.... Weisheitszahn
d.... Brustwarze (bei Männern)
e.... gewundene Nerven

»UND WAS IST MIT DEM BOMBARDIERKÄFER? ODER DEM AUGE?«

Du merkst schon, ich bin felsenfest von der Evolution überzeugt. Ich zweifele überhaupt nicht daran. Aber als ich zum ersten Mal vom Bombardierkäfer hörte, fragte ich mich doch einen Moment, ob ich nicht vielleicht etwas falsch verstanden hatte. Kreationisten führen diesen Käfer oft an, um zu beweisen, dass Darwin im Unrecht war. Aber Darwin selbst ist auch einmal mit diesem Käfer aneinandergeraten.

Darwin sammelte alles Mögliche, aber auf seine Käfersammlung war er ganz besonders stolz. Überall suchte er nach neuen Käfern und nahm sie mit. In seinem Tagebuch schrieb er, er habe einmal ein prachtvolles Exemplar einer ihm unbekannten Käferart gesehen. Eine schöne Bereicherung seiner Sammlung. Er nahm es mit und setzte zufrieden seinen Weg fort. Und wahrhaftig, ein paar Meter weiter saß noch ein unbekannter Käfer. Auch ganz besonders. Den nahm er in die andere Hand. Und ob du es glaubst oder nicht, aber noch ein Stückchen weiter fand er ein drittes Exemplar. Zwei trug er schon in den Händen und den neuen Käfer wollte er nicht in seine Hosentasche stecken, weil der das vielleicht nicht überleben würde. Also steckte er ihn an eine andere Stelle: in den Mund.

Kaum hatte Darwin das Tier im Mund, da fühlte es sich an, als würde dort etwas explodieren. Es begann wahnsinnig zu brennen und Darwin bekam einen furchtbar ekligen Geschmack in den Mund. Schnell spuckte er aus. Erst später stellte sich heraus, dass es der Bombardierkäfer gewesen sein musste. Das ist ein Käfer mit zwei chemischen Flüssigkeiten im Rücken. Wenn nichts Besonderes passiert, bleiben die beiden chemischen Stoffe ordentlich getrennt. Aber wenn der Käfer Gefahr wittert, richtet er seinen Schwanz auf den Feind. Er mischt die beiden Stoffe, als wäre es Zweikomponentenkleber, und es scheint, als käme es dann zu einer kräftigen Explosion. So sprüht er seinem Gegner eine gut hundert Grad warme Flüssigkeit in die Augen. Für einen Moment ist der dann blind wie ein Maulwurf und der Bombardierkäfer kann sich schnell aus dem Staub machen.

WAS IST DAS GEHEIMNIS DES BOMBARDIERKÄFERS?

Du und ich, wir mögen ja vielleicht einem seltsamen Düsentriebwerk ähneln, aber der Bombardierkäfer ist wirklich der Gipfel der Perfektion. Stell dir mal vor, das Tierchen wäre nur ein ganz klein wenig anders gebaut und einer der Stoffe wäre zum Beispiel etwas anders gewesen. Dann wäre es nicht zur Explosion gekommen. Oder die Explosion wäre vielleicht noch schwerer gewesen und das ganze Tierchen wäre auseinandergeplatzt. Oder stell dir vor, die beiden Stoffe im Körper des Tieres würden zu früh gemischt. Oder zu spät. Nein, der Bombardierkäfer ist absolut exakt aufgestellt. Wie eine Kanone, mit der man den Apfel vom Kopf des Gegners schießen kann. Oder den Kopf selbst. Würde man auch nur eine winzige Kleinigkeit an diesem Käfer ändern, wäre seine Funktion nicht mehr gewährleistet. Aber Evolution bedeutet ja nun gerade, dass das Tier einmal anders gewesen ist! Woher kommt denn dann der Bombardierkäfer? 1:0 für die Kreationisten, sollte man meinen.

Das wäre eine schöne Frage für ein Rätselbuch. Aber für die Antwort fehlen dir noch ein paar Informationen. Du solltest nämlich wissen, dass es unglaublich viele Käfer gibt. Wie viele genau, wissen wir gar nicht, aber mindestens 300 000 *Arten* von Käfern, vielleicht sogar 500 000. Zudem sind die beiden Stoffe, die der Käfer auf dem Rücken trägt, gar nicht so besonders. Sie stecken in den Farbstoffen, die den Käfern ihre Tarnfarbe geben. Außerdem werden diese Stoffe auch anders zur Verteidigung verwendet: Weil sie scheußlich schmecken, gibt es kaum Tiere, die so einen ekligen Käfer fressen wollen.

WARUM IST DER BOMBARDIERKÄFER DOCH EIN BEWEIS FÜR DIE EVOLUTION?

Spielt man Filmaufnahmen vom Bombardierkäfer in Zeitlupe ab, sieht man, dass im Körper des Käfers gar keine Explosion stattfindet, sondern dass der Käfer die Stoffe in einer Serie von Mini-Bombardements aussprüht. Erst außerhalb seines Körpers kommen die Stoffe miteinander in Berührung und fangen an zu brennen. Aber das Wichtigste ist, dass es sehr wohl Käfer gibt, die viel schlechter »bombardieren«. Statt eines gut gezielten Knalls kommt bei ihnen nur ein wenig schäumender Glibber aus dem Körper. Und das reicht schon – eine Spinne oder ein Vogel verziehen dann das Gesicht und verschwinden um die Ecke. Außerdem ist so ein Bombardement zwar nett, aber für einen Käfer nicht überlebensnotwendig. Hunderttausende andere Käferarten können das nicht und sind trotzdem noch nicht ausgestorben. So kann es sehr viele Zwischenformen gegeben haben, die schließlich zu unserem spektakulären Bombardierkäfer geführt haben. Womit wir den Ausgleich für die Wissenschaftler hätten: 1:1.

Das Witzigste an allem ist, dass der Bombardierkäfer laut Aussage der Wissenschaftler gerade einer der Beweise dafür ist, dass die Geschichte der Kreationisten nicht stimmt. Denn nach der Bibel war die Erde am Anfang ein Paradies. Es gab keine Raubtiere, die andere Tiere fraßen, und alle waren glücklich. Aber eines Tages pflückten die ersten Menschen auf Erden, Adam und Eva, einen Apfel von einem Baum und aßen von der Frucht, obwohl Gott es ihnen verboten hatte. Die Folge war jede Menge Elend. Gott wurde böse und strafte alles, was auf der Erde lebte, für diese Missetat. Das Paradies war verloren. Alle Menschen und Tiere bekamen es mit Schmerzen und Tod zu tun und von dem Moment an gab es Tiere, die anfingen, andere Tiere aufzufressen. Das ist also die Geschichte, die die Kreationisten glauben.

WOZU BRAUCHT MAN WAFFEN IM PARADIES?

Aber ... warum hat Gott den Bombardierkäfer dann mit dieser Verteidigungswaffe ausgestattet? Im Paradies gab es keine Raubtiere. Was sollte der Käfer also mit so einem Luftabwehrgeschütz? Das braucht man doch überhaupt nicht, wenn man nicht gefressen werden kann? Die Geschichte aus der Bibel kann dann auch nicht stimmen. Spielstand: 2:1 für die Wissenschaft!

WAS FEHLT DEINEN AUGEN?

Hast du mal darüber nachgedacht, dass wir Menschen sehen können? Dass irgendwo viele Kilometer entfernt etwas passiert und wir diese Bilder mit einer ungeheuren Geschwindigkeit in unseren Kopf bekommen? Und auch noch in Farbe? Das verdanken wir einem großartigen Apparat: dem Auge. Und wir haben sogar zwei davon, die nach vorne gerichtet sind, damit wir auch Abstände einschätzen können.

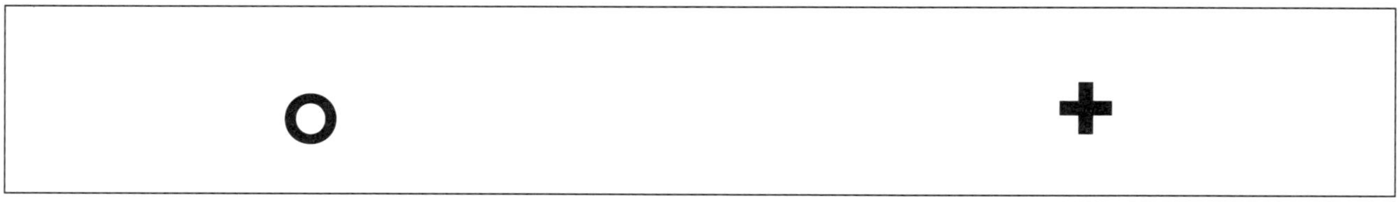

WARUM UNSERE AUGEN SO GUT FUNKTIONIEREN

Unser Auge ist ein Wunder der Technik. Es besteht aus einer Netzhaut. Das ist eine Schicht lichtempfindlicher Zellen, die Informationen über das Licht mittels Nervenzellen an unser Gehirn weiterleiten. Das Auge ist sicher in unserem Kopf eingebettet. Das Licht fällt durch die Pupille, die von der Irishaut umgeben ist. Eigentlich ist die Pupille einfach ein Loch. Aber wir haben noch etwas: eine Linse. Mithilfe dieser Linse und der Muskulatur im Auge können wir gut in die Ferne schauen und dann wiederum etwas von ganz nah betrachten. Dank der perfekten Zusammenarbeit von Iris, Linse, Netzhaut und Muskeln brauchen wir uns nicht anzustrengen, um scharf zu sehen. Unser Auge passt sich von selbst an. Tränenkanäle, die am Auge entlang verlaufen, sorgen dafür, dass es immer sauber gehalten wird. Unsere Lider übernehmen die Rolle von Scheibenwischern. Das funktioniert perfekt so, oder?

WOHER KOMMEN DEINE AUGEN?

Wie kommt man aus dem Nichts (die ersten Tiere waren vollkommen blind) zu einem so fantastisch funktionierenden Auge? Nun, ziemlich einfach. Wir können an existierenden Tierarten sehen, wie die Evolution des Auges von alten zu neuen Tieren verlaufen ist. Manche Quallen haben nicht mehr als ein paar lichtempfindliche Zellen. Die können nur Licht wahrnehmen. Für sie reicht das völlig; genug, um als Art Hunderte von Millionen Jahren zu überleben. Der Plattwurm, ebenfalls eine der ersten Tierarten auf der Erde, hat schon ein Auge, aber das besteht eigentlich nur aus einer flachen Netzhaut. Er hat keine Linse und keine Iris und kann auch nicht mithilfe von Muskeln scharf stellen. Er sieht noch keine Formen, wohl aber Licht und Bewegung. Das reicht, um zu wissen, ob ein Feind heranrückt oder nicht. Und mehr braucht er auch nicht zu wissen. Die Zeitung liest er sowieso nicht.

Es gibt auch Tiere, die eine Netzhaut und eine Iris haben, wie der Nautilus. Das ist eine Art Tintenfisch und er hat schon ein gewölbtes Auge wie wir. Er kann Formen, Licht und Bewegung sehen. Er hat nur keine Linse. Um scharf zu sehen, müsste er eine Brille tragen. Tja, und danach kamen die Augen, die wir haben. Mit Netzhaut, Iris und Linse. So einfach ist das eigentlich. So einfach sogar, dass das Auge mehrfach entstanden ist, auf unterschiedliche Weisen. Insekten zum Beispiel haben ganz andere Augen. Sie schauen aus Hunderten winzig kleiner Augen-mit-Linsen gleichzeitig. Das funktioniert auch prima. Und so gibt es noch mehr unterschiedliche Augentypen, die ausgezeichnet funktionieren.

Wie würdest du ein Auge entwerfen?

Aber mit unserem Auge ist noch mehr los. Angenommen, du müsstest eine Digitalkamera entwerfen. Eine Kamera mit einer Netzhaut an der Rückseite, einer Linse und einer Iris. Aber auch mit Drähtchen, die mit einem Computer und einem Drucker verbunden sein müssen. Wo würdest du diese Drähtchen verlaufen lassen? Zwischen der Netzhaut und der Iris, damit sie im Weg liegen? Oder an der Außenseite, damit du ein perfektes Bild bekommst? Letzteres wahrscheinlich. Und so würde es wohl jeder machen. Aber bei unserem Auge ist das anders. Unser Bild wird von einem Wirrwarr kleiner Blutgefäße und Nerven in unserem Auge getrübt. Kein Gestalter dieser Welt würde so ein Auge zusammenbauen. Wer mit so einer blöden Lösung ankäme, würde sofort entlassen.

Wir haben auch noch einen blinden Fleck. Das ist die Stelle auf unserer Netzhaut, von der aus die Nerven zum Gehirn laufen. Dieser blinde Fleck liegt an einer sehr unpraktischen Stelle. Teste es mal aus: Schau auf den Kreis auf der vorherigen Seite. Halte den Kopf dicht ans Papier, schließe *ein* Auge und bewege dann den Kopf nach hinten. Du wirst merken, dass das Pluszeichen zu einem bestimmten Zeitpunkt verschwindet.

Das liegt an unserem blinden Fleck. Da der blinde Fleck in beiden Augen normalerweise nicht genau an derselben Stelle liegt, haben wir damit kein Problem.

Dürfen wir vielleicht gar nicht gut sehen?

Unser Auge ist also eigentlich ziemlich schräg gebaut. Aber sonst sehen wir doch ausgezeichnet? Stimmt. Aber wenn unser Auge klüger konstruiert wäre, könnten wir noch viel besser sehen. Es ist ein wenig, als würden wir durch Gaze hinausschauen. Erst wenn man diese Gaze wegnimmt, merkt man, wie viel mehr man hätte sehen können. Ausgehend von der Evolutionstheorie können wir genau erklären, wie unser Auge entstanden ist und warum es so seltsam gebaut ist. Hätte Gott unser Auge bewusst auf diese Weise geschaffen, dann hätte er vor allem nicht gewollt, dass wir allzu viel sehen können.

Das Auge und der Bombardierkäfer sind nur zwei Beispiele, die sich auf den ersten Blick ein Gott ausgedacht haben muss und die letzten Endes gerade ein Beweis für die Evolution sind. Es gibt noch mehr. Aber solltest du nach wie vor an der Evolution zweifeln, kannst du den Rest dieses Buchs auch überspringen. Obwohl ... da stehen noch mehr Beweise für die Evolution. Und es wird eine Frage behandelt, die bisher nicht beantwortet ist: Woher kommen wir Menschen? Wie sind wir von den ersten mausähnlichen Säugetieren zu einer intelligenten Lebensform geworden, die Computer bauen kann? Zu einer besonderen Tierart, die mit U-Booten und Flugzeugen den ganzen Planeten und weit darüber hinaus erobert hat? Zu einem neugierigen Wesen, das mit Teleskopen und Raumfahrzeugen das Universum erkunden kann? Und zu ... Jan Groß aus Diez.

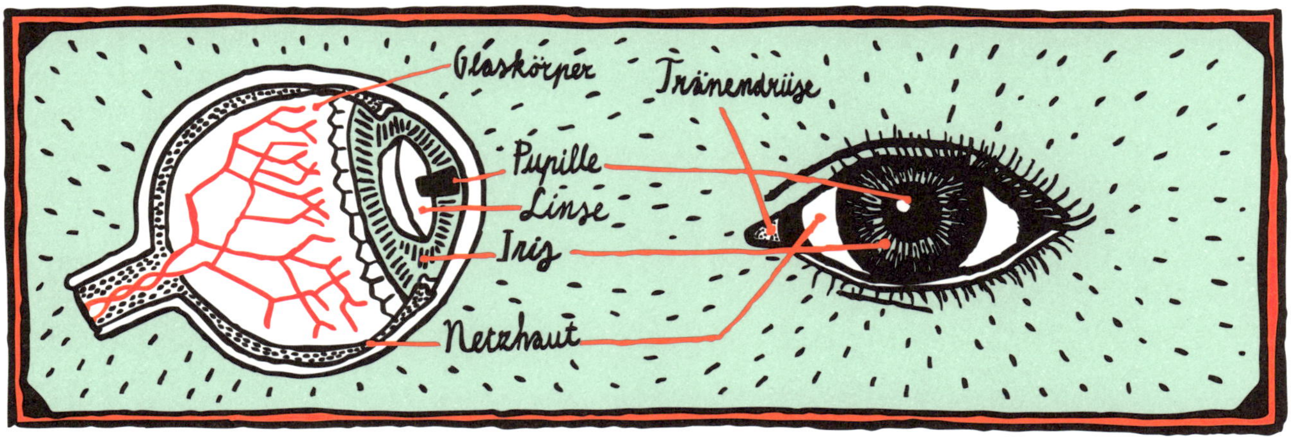

— TEIL 11 —

VON MAUS ZU MENSCH

WIE SAHEN UNSERE VORFAHREN AUS?

Ein Gedankenexperiment: Angenommen, Jan Groß erfindet eine Rakete, mit der jeder ins Weltall kann. Er beginnt mit einer Fabrik und baut darin seine Jangro-1-Raketen. Es wird ein großer Erfolg. Sein Sohn, Jan Groß Junior, übernimmt die Firma später von seinem Vater und verbessert die Rakete. Die verkauft er als Jangro 2. Bert Groß, der Bruder von Jan Junior, errichtet ebenfalls eine eigene Raketenfabrik. Er baut Transportraketen, mit denen man Gegenstände durch den Weltraum befördern kann. Er verkauft sie unter dem Namen Bergro 1. Meike, die Schwester von Jan Junior und Bert, baut Rennraketen und verkauft sie unter dem Namen Meigro 1. Später gründen auch die Kinder von Jan Junior, Bert und Meike jeweils eine eigene Raketenfabrik. Manche verbessern die Raketen ihrer Eltern, andere bauen etwas, was eine Spur anders ist. Eine Tochter von Bert baut zum Beispiel extra große Transportraketen und ihr Bruder konzentriert sich auf besonders schnelle Transportraketen. Ein Sohn von Meike baut Luxus-Rennraketen und seine Schwester Rennraketen, die speziell für Langstrecken geeignet sind. So geht das über Hunderte von Jahren. Jedes Kind verbessert die Rakete seines Vaters oder seiner Mutter oder verändert etwas daran. Dann erhält man zum Schluss zum Beispiel die Bergro 27A Turbo Plus Deluxe: eine extraschnelle und extramoderne Transportrakete, die besonders für kleine Frachtstücke auf langen Strecken geeignet ist.

WELCHEM TIER ÄHNELST DU AM MEISTEN?

Was hat diese Geschichte mit der Evolution zu tun? Nun, das *ist* Evolution. Die Kinder stammen alle von demselben Vorfahren ab und ihre Raketen sind alle ein klein wenig anders. Du kannst die Raketen mit unserer DNA vergleichen. Wenn eine Rakete Bergro heißt, weißt du, dass sie von jemandem gebaut wurde, der Bert Groß zum Vorfahren hat. Bei der DNA funktioniert das genauso. Bestimmte Stücke kannst du genau mit einem Vorfahren in Zusammenhang bringen. Mit der Zeit weichen die Raketen immer stärker vom ersten Modell ab. Das gilt auch für die DNA. Aber wir können sehen, wer von wem abstammt und wer mit wem verwandt ist.

Auf dieselbe Weise können wir auf unsere eigenen Vorfahren zurückschauen. Die letzten Tierarten, mit denen wir die meisten Vorfahren teilen, sind die Schimpansen und Bonobos. Geht man noch weiter zurück, haben wir dieselben Vorfahren wie die Gorillas. Danach kommen die Orang-Utans. Noch weiter zurück die Gibbons. Bislang sind alle Menschenaffen. Danach landen wir bei kleineren Affenarten und Halbaffen, wie dem Katta. Schließlich bei ganz anderen Säugetieren, wie Eichhörnchen und Nagetieren. Und so kann man immer weitermachen.

WARUM WISSEN WIR SO WENIG ÜBER UNSERE VORFAHREN?

Die DNA zeigt, mit welchen Tieren wir am nächsten verwandt sind. Aber sie sagt nichts darüber, wie diese Vorfahren aussahen. Sie gehörten weder zu den Bonobos noch zu den Gorillas, sondern zu einem ganz anderen Menschenaffen, der schon lange ausgestorben ist. Wollen wir Spuren unserer Vorfahren sehen, müssen wir uns Fossilien anschauen. Und anhand der Knochen und Zähne aus der fernen Vergangenheit können wir den Weg wieder zurückgehen.

Menschliche Knochen sind auf jedem Friedhof zu finden. Aber man begegnet auch noch welchen aus der fernen Vergangenheit, bis vor etwa zweihunderttausend Jahren. Aus der Zeit davor findet man nur Knochen von »Menschenartigen«, einer Art Menschenaffe also. Geht man noch weiter zurück, findet man nur Knochen von Affenarten. Je weiter zurück, desto kleiner werden diese Affen. Bis man nur noch auf Knochen von Äffchen stößt, die einem Eichhörnchen ähneln. Und danach kommt man zu jenen kleinen mausähnlichen Säugetieren, die noch zu Zeiten der Dinosaurier gelebt haben.

Das klingt alles logisch und übersichtlich, aber in Wirklichkeit ist es ein einziges Chaos. Das Problem ist, dass man noch nicht so viele Fossilien gefunden hat, denn unsere Vorfahren lebten im Urwald, wo sie meistens von Raubtieren verspeist wurden. Wenn du von den Kiefern eines Leoparden zermahlen wirst, in seinem Magen landest und schließlich an verschiedenen Stellen wieder ausgeschieden wirst, bleibt kein schönes Fossil von dir übrig! Abgesehen von der geringen Wahrscheinlichkeit, dass du friedlich im Schlaf stirbst, würdest du in einem feuchten Urwald sofort von allerlei großen und kleinen Aasfressern verzehrt. Da bliebe nichts von dir übrig. Du wirst nur dann zu einem schönen Fossil, wenn du in einem stehenden moderigen Gewässer landest und dort stirbst. Oder wenn du in einer sehr trockenen Wüste sofort von einer dicken Sandschicht bedeckt wirst. Die Wahrscheinlichkeit, dass so etwas geschieht, ist sehr gering. Aber solche Fossilien gibt es durchaus!

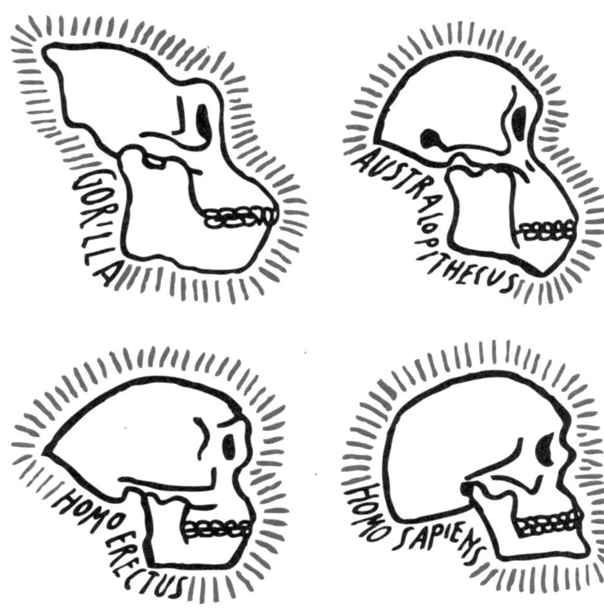

STAMMEN WIR VON LUCY AB?

Man hat also nur wenige Fossilien unserer Vorfahren gefunden. Ein weiteres Problem ist, dass es eigentlich sogar zu viele verschiedene Arten von Fossilien sind. Es gibt keine schöne klare Linie von einem mausähnlichen Säugetier über Affen zu Menschenaffen und dann zum Menschen. Nein, man hat allerlei verschiedene Schädel und Knochen von »Menschenartigen« gefunden, die sich gründlich von uns unterscheiden, die aber auch wiederum keine Affen sind. Sind das unsere Vorfahren? Das ist schwer zu sagen. So fanden Forscher 1973 ein wunderbares Fossil einer 3,2 Millionen Jahre alten (vermutlichen) Frau. Sie nannten sie Lucy, weil die Forscher in ihrem Camp ständig den Beatlessong »Lucy in the Sky with Diamonds« hörten. Lucy (und ihre Artgenossen, die später gefunden wurden), war etwas über einen Meter groß. Sie hatte die Rippen einer Schimpansin und lange Arme und Finger, wie sie alle Affen jetzt noch haben. Außerdem hatte sie nur ein kleines Gehirn. Aber ... Lucy ging aufrecht, wie ein Mensch.

Vermutlich hast du jetzt zwei Fragen. Nummer eins: Wie kann man an ein paar Knochen sehen, dass Lucy aufrecht ging? Und Nummer zwei: Ist der aufrechte Gang so wichtig?

WIE SIEHT MAN AN EINEM SCHÄDEL, OB EIN TIER EINEN AUFRECHTEN GANG HATTE?

Paläontologen sind es gewöhnt, kleine, halb verweste Reste zu finden. Sie freuen sich über den kleinsten Knochen, denn selbst der liefert ihnen noch Informationen. Die Länge des Knochens, die Dicke, die Fundstelle sind zusätzliche Teile im Puzzle unserer Vergangenheit. Zudem zählt ein Knochen oft für zwei. Findet man das Fingerglied eines linken Daumens, weiß man, wie der rechte aussah: genau gleich, nur spiegelverkehrt. Das gilt für alle Knochen, die wir doppelt haben. Aber auch Knochenfragmente vermitteln doppelte Informationen. Wenn man also nur die linke Hälfte eines Skeletts findet, weiß man dennoch, wie der ganze Körper ausgesehen hat.

Doch ein Knochen sagt noch mehr. Wer lange Beine hat, wird an dieser Stelle auch lange Knochen haben. Und wer viele Muskeln hat, braucht dicke Knochen. Stell dir nur mal vor, du würdest mit sehr starken Muskeln ein Gewicht von hundert Kilo heben, während der Knochen in deinem Arm gerade mal zahnstocherdick ist. Der Knochen würde sofort brechen. Am Bau eines Knochens kannst du also erkennen, wo Muskeln verlaufen und wie viele das sind. Die Form der Knochen gibt an, wie ein Tier gelaufen ist und welche Körperhaltung es hatte. Das kann man sogar aus dem Schädel ableiten. Ein Schädel besitzt an der Unterseite ein Loch, wodurch das Rückenmark in den Kopf gelangt. Beim Menschen befindet sich dieses Loch in der Mitte. Wir gehen aufrecht und brauchen unseren Kopf nicht mehr zu balancieren. Aber unsere Vorfahren liefen auf vier Beinen. Bei ihnen war es praktischer, dass sich das Loch weiter hinten befand. Bei Lucy befand es sich in der Mitte. Sie ging demnach wahrscheinlich aufrecht.

WARUM IST DER AUFRECHTE GANG SO WICHTIG?

Bei der Evolution vom Affen zum Menschen ist der aufrechte Gang sehr wichtig. Wären wir weiter auf allen vieren gegangen, wären wir heute möglicherweise nicht so intelligent, denken einige Forscher. Laufe mal einen Kilometer lang auf allen vieren! Aber einen Kilometer aufrecht zurückzulegen ist kein Problem. Auf allen vieren ist es viel anstrengender und kostet mehr Energie, weswegen du mehr Nahrung brauchst.

Außerdem kosten auch große Gehirne viel Energie. Lucys Gehirn war nur etwa ein Drittel so groß wie unseres. Dennoch brauchte sie schon zehn Prozent ihrer Energie nur für ihr Gehirn. Bei uns ist das sogar doppelt so viel, aber bei anderen Tieren ist es viel weniger. Dafür muss man eine ungeheure Menge an Nahrung finden und das ist mühsam. Wenn man rennt, kann man Tiere viel leichter jagen. Affen können das, auch schnell, aber nicht ausdauernd. Nach einem kurzen Sprint sind sie erschöpft. Wir können viele Stunden rennen. Und beim Jagen braucht man Durchhaltevermögen. Man muss kilometerlang nach Tierspuren suchen und sie dann auch noch über geraume Zeit verfolgen.

WARUM SIND WIR HEUTE KLÜGER ALS SIE?

Durch den aufrechten Gang verbrauchten unsere Vorfahren weniger Energie. So konnten sie sich nach Meinung mancher Forscher das energiefressende Gehirn »erlauben«, ohne viel zusätzliche Nahrung finden zu müssen. Sie wurden immer klüger und fingen an, Waffen und Werkzeuge herzustellen, wie Speere, Messer und andere Gerätschaften. Dadurch konnten sie besser jagen und an das Muskelfleisch, die Innereien und das Knochenmark der erlegten Tiere gelangen. Sie nahmen damit auch mehr Nährstoffe zu sich, sodass sie wiederum ein noch größeres Gehirn haben konnten. Das eine verstärkte das andere. Unsere Vorfahren konnten das große Gehirn gut gebrauchen, denn es war eine schwierige Zeit zum Überleben. Wer klüger war, hatte eine viel größere Chance, genügend Nahrung zu finden und Nachkommen zu hinterlassen. So konnten unsere Vorfahren innerhalb ziemlich kurzer Zeit zu so klugen Wesen heranwachsen.

KÖNNEN MENSCHENAFFEN SO KLUG WERDEN WIE WIR?

DRYOPITHECUS · AUSTRALOPITHECUS · HOMO ERECTUS · HOMO NEANDERTHALENSIS · HOMO SAPIENS

Menschenaffen benutzen zwar Werkzeuge wie Steine oder Äste. Aber diese Steine und Äste sind schon fix und fertig. Sie können kein Beil aus den Gegenständen in ihrer Umgebung herstellen, wie es der frühe Mensch konnte. Der klügste Menschenaffe auf der Erde ist der Bonobo Kanzi, der mithilfe einer speziellen Symbolsprache mit uns reden kann. Er zeigt dabei auf allerlei Bilder, die eine eigene Bedeutung haben. Drückt er auf die Knöpfe »Ball«, »spielen« und »Kanzi«, weiß man, dass er mit dem Ball spielen möchte. Man kann ihm auch Fragen stellen, die er beantwortet. Kanzi kennt Hunderte von Wörtern und er versteht ungeheuer viel. Er kann Rätsel lösen und sogar Computerspiele spielen. Er ist besser in »Pacman« als ich!

Aber selbst Werkzeuge herstellen? Das wird Kanzi nie lernen. Nicht einmal, wenn ein Mensch ihm vormacht, wie man aus einem Stein ein Beil herstellt. Bonobos fehlt genau dieser Teil des Gehirns, mit dem wir uns überlegen können, wie wir einen Stein gegen einen anderen Stein schlagen müssen, um so eine scharfe Kante zu erhalten. Lucy wird das vermutlich auch noch nicht gekonnt haben. Trotzdem hat man steinerne Werkzeuge gefunden, die schon etwa 2,9 Millionen Jahre alt sein müssen. Der Unterschied ist also gar nicht so groß.

WELCHE FOSSILIEN HAT MAN GEFUNDEN?

Lucy ist natürlich nicht das einzige Fossil mit menschlichen Zügen; das älteste wurde in der Wüste im Tschad gefunden: *Sahelanthropus tchadensis.* Sein Schädel war größer als der eines Affen und ähnelte mehr dem eines Menschen. Er muss so zwischen sechs und sieben Millionen Jahre alt sein. Aber war dieser Menschenaffe einer unserer Vorfahren?

In Afrika hat man anderthalb Millionen Jahre alte Fossilien des *Homo ergaster* gefunden, des »arbeitenden« bzw. Werkzeug gebrauchenden Menschen. Diese »Menschenartigen« waren etwa einen Meter achtzig groß. Sie hatten lange Beine und kurze Arme, Zehen und Finger, genau wie ein Mensch. Ihr Gehirn erreichte etwa zwei Drittel unserer heutigen Hirngröße. Und sie stellten schon ihre eigenen Werkzeuge her. Aber waren sie Vorfahren von uns?

Außerdem fand man viele Fossilien des *Homo erectus*, des »aufgerichteten Menschen«. Die ältesten Exemplare hatten Gehirne so groß wie die des *Homo ergaster* und allmählich wurden sie immer größer, jedoch noch nicht so groß wie die der heutigen Menschen. Auch sie maßen etwa einen Meter achtzig, konnten ausgezeichnet rennen und fertigten Werkzeuge. Aber ob sie unsere Vorfahren waren?

Schließlich wurden Fossilien menschenähnlicher Arten gefunden, die uns sehr ähnelten: eine frühe Form des *Homo sapiens* und in Europa der *Homo neanderthalensis.* Die »Neandertaler« waren etwas kleiner als wir, sehr muskulös (sie hätten in vielen Disziplinen olympisches Gold geholt) und intelligent. Ihr Gehirn war ähnlich groß wie unseres heute. Waren sie wohl unsere Vorfahren?

WARUM WISSEN WIR TROTZ DER VIELEN FOSSILIENFUNDE NOCH IMMER SO WENIG?

Zurück zu den Raketen der Familie Groß. Von ihnen kann man problemlos einen Stammbaum anlegen.

Der Stamm beginnt bei Jan Groß und geht in den von Jan Groß Junior über. Und in der Zwischenzeit kommen Seitenäste von Meike und Bert Groß hinzu. Die verzweigen sich wieder und so entsteht schließlich ein ganzer Baum. Jeder Zweig stammt vom ersten Jan Groß ab, aber nicht jeder Zweig stammt von Meike Groß. Eine Rakete vom Typ »Bergro« beispielsweise stammt sicher von Bert und nicht von Meike.
Bei unserem Stammbaum ist das ein bisschen komplizierter. Fossilien haben keine Aufkleber, auf denen »Bergro« oder »Jangro« steht. Wir wissen, dass wir irgendwie allesamt entfernte Verwandte all dieser menschenartigen Fossilien sind. Aber stehen sie in der Linie, die unmittelbar zu uns führt? Das wissen wir nicht. Außerdem kann man nie etwas mit Sicherheit über ein einzelnes Fossil sagen. Angenommen, zukünftige Wesen finden ein Fossil einer zweizehigen Person aus dem Vadomastamm oder eines der kleinen Menschen aus Ecuador. Vielleicht werden sie diese für eine ganz andere Art halten, während es doch ganz normale Menschen sind. Oder sie halten sie vielleicht sogar für die einzige Menschenart auf der Erde.

HABEN DIE WISSENSCHAFTLER EVA ENTDECKT?

Da sind also noch große Fragezeichen hinter unserer Vergangenheit. Aber es gibt auch Interessantes über das zu erzählen, was wir wissen. So sind die ältesten Fossilien echter Menschen etwa 180 000 Jahre alt; die des *Homo erectus* zwischen zwei Millionen und 30 000 Jahren und die der Neandertaler beispielsweise irgendwo zwischen 180 000 und 30 000 Jahren. Diese »Menschenartigen«, auch der *Homo sapiens*, haben also jahrhundertelang gleichzeitig auf der Erde gelebt! Stammen wir denn dann wirklich von ihnen ab? Das kann durchaus sein. Der Mensch stammt jedenfalls vom Schleimaal ab und den gibt es ja auch immer noch. Nicht alle Arten, die zu unseren Vorfahren gehören, sind ausgestorben.

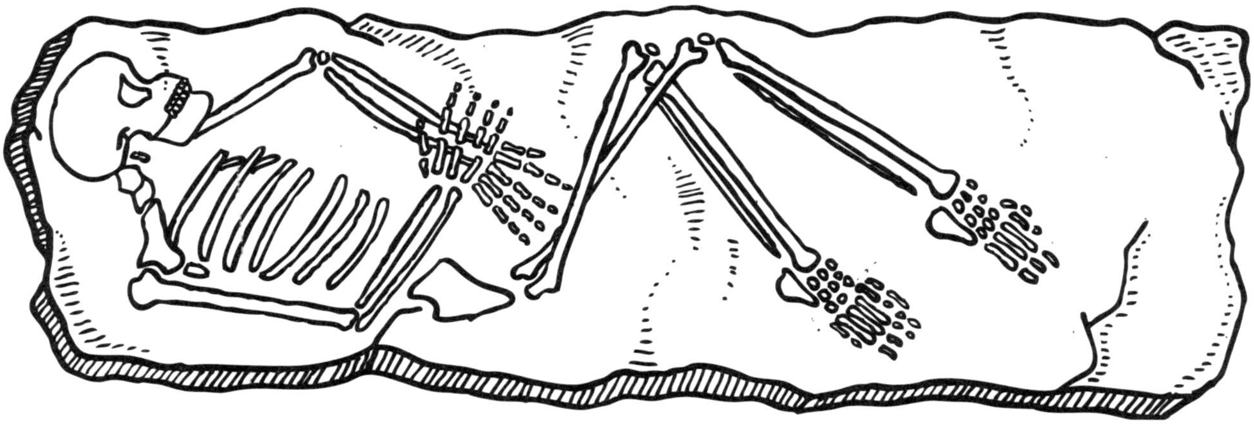

HAST DU NEANDERTALERBLUT?

Wir wissen außerdem, dass es sich bei Fossilien im Alter von einer bis zu einer halben Million Jahre allesamt um *Homo erectus* handelt. Vielleicht war das sogar der einzige »Menschenartige« in dieser Zeit. Es war eine schwierige Periode, in der das Klima stark schwankte. In dieser Zeit gab es so wenige »Menschenartige«, dass sie um Haaresbreite ausgestorben wären. Dann hätte es uns vielleicht überhaupt nicht gegeben. Die Wahrscheinlichkeit ist groß, dass wir von afrikanischen *Homo erectus*-Gruppen abstammen, aus denen sich dann der *Homo sapiens* entwickelte. Außerdem wissen wir, dass später Menschen und Neandertaler bisweilen in derselben Gegend Europas gelebt haben und sogar gemeinsame Kinder hatten. Wir stammen also nicht vom Neandertaler ab, haben aber einiges von ihm geerbt.

Die Arbeit der Paläontologen ist noch lange nicht abgeschlossen. Jedes Jahr kommen wieder neue Puzzleteile hinzu, die uns weitere Informationen über unsere Vergangenheit liefern. So fanden Forscher vor einigen Jahren auf der indonesischen Insel Flores wiederum eine Menschenart, sogar eine, die bis vor ziemlich kurzer Zeit gelebt haben muss. Diese »Menschenartigen« sind erst vor etwa 12 000 Jahren ausgestorben, aber sie ähnelten uns weniger als die Neandertaler. Sie waren viel kleiner als wir und hatten ein kleines Gehirn, auch wenn sie wohl deutlich intelligenter gewesen sind als Menschenaffen. Denn abgesehen von der Größe sah ihr Gehirn aus wie unseres. Und wer weiß, welche Entdeckungen in den kommenden Jahren noch gemacht werden. Aber egal, welche Knochen man findet – sie werden noch lange keinen endgültigen Nachweis unserer Herkunft erbringen können.

Hat es Eva gegeben?

Zum Glück gibt es noch die DNA, die uns zu immer wieder neuen Erkenntnissen verhilft. So führten Wissenschaftler an der Universität Berkeley in den USA in den vergangenen Jahren eine große Studie durch. Sie verglichen die DNA Hunderter Menschen auf der Erde miteinander. Welche Unterschiede gab es? Und was konnten die uns sagen? Ihre Schlussfolgerung war bemerkenswert. Die DNA aller Menschen auf der Erde zeigt sagenhafte Übereinstimmungen – von großen, dunkelhäutigen Afrikanern bis zu gedrungenen weißen Bewohnern der Polargebiete in Kanada – alle sind entfernte Neffen und Nichten voneinander.

Weil sich die DNA nur so wenig unterschied, überlegten die Forscher, ob alle Menschen auf der Erde möglicherweise von einer einzigen Frau abstammen, einer Frau, die vor etwa 200 000 Jahren in Afrika gelebt hat. Hat es Eva also doch gegeben? Ja und nein. Denn die Forscher haben sie sofort Eva genannt, auch wenn die Wahrscheinlichkeit klein ist, dass sie wirklich so hieß. Im Gegensatz zu der Frau aus der Bibel war diese damals sicher nicht die einzige Frau auf der Erde und sie hatte ganz normal einen Vater und eine Mutter.

Wie werden unsere Urur…urenkel aussehen?

Von der Vergangenheit wissen wir also ein bisschen was. Wie sieht es mit der Zukunft aus? Können wir vorhersagen, wie der Mensch in ein paar tausend Jahren aussehen wird? Bislang ist unser Gehirn immer nur größer und besser geworden. Sind unsere Urur…urenkel dann auch klüger als wir? Das ist noch längst nicht sicher. Zu »Evas« Zeiten war es von großem Vorteil, wenn man intelligenter war als die anderen. Die nicht so Intelligenten überlebten nicht. Heutzutage überleben auch weniger kluge Menschen. Sie werden vielleicht weder Professor noch Bankdirektor, aber sie werden auch nicht unbedingt Hungers sterben.

In gewisser Weise nutzen wir unser Gehirn sogar weniger. Das Rechnen überlassen wir Rechenmaschinen. Wir finden unseren Weg mit dem Navi und in ein paar Jahren brauchen wir nicht einmal mehr Fremdsprachen zu lernen, weil der Computer jeden Satz sofort übersetzt. Vielleicht werden unsere Nachfahren in ferner Zukunft deswegen vielleicht sogar dümmer …

GIBT ES AUSSERIRDISCHES LEBEN? UND WIE SIEHT ES AUS?

In diesem Buch ging es fast ausschließlich um das Leben auf der Erde. Vielleicht sollten wir aber doch noch einen Blick darüber hinaus werfen. Wie ist das eigentlich mit dem Leben auf anderen Planeten? Gibt es das? Und wie sieht es dann aus? Mit Hunderten von Milliarden Sternensystemen, die jeweils Hunderte von Milliarden Sterne mit jeweils einer Handvoll Planeten drumherum zählen, ist es kaum die Frage, ob es außerirdisches Leben gibt. Interessanter ist die Frage, wie unsere fernen »Nachbarn« denn wohl ausschauen. Und Biologen meinen, dazu gäbe es eine ganze Menge zu sagen!

Sollten sich diese Nachbarn in unserem eigenen Sonnensystem befinden, wissen wir sogar schon eine ganze Menge. Auf dem Mars können eigentlich nur bakterienähnliche Wesen leben oder gelebt haben. Auf dem Mond Europa, der Jupiter umkreist, ist mehr vorstellbar. Dieser Mond ist mit einer dicken Eisschicht bedeckt. Angenommen, unter dem Eis läge ein Ozean, der von einem vulkanischen Kern erwärmt würde. Dann könnte dort sogar eine richtige Nahrungskette mit Raubtieren, Beutetieren, Bakterien und Pflanzen existieren. Und dann müsste es natürlich auch ein überlegenes Raubtier auf diesem Mond geben – eine Variante des Weißen Hais auf unserer Erde. Dann allerdings einen sehr kleinen Weißen Hai. So groß ist der Mond Europa nicht, deswegen könnte dieser Hai maximal die Größe einer Nordseegarnele haben.

WARUM SIND WESEN AUS DEM ALL WAHRSCHEINLICH FLEISCHFRESSER?

Mit großer Wahrscheinlichkeit sehen außerirdische Lebensformen Würmern ähnlich. Ein wurmförmiger Bau ist auf der Erde schon seit Hunderten von Millionen Jahren erfolgreich. Er könnte daher auch auf unbekannten Planeten wie Gnork III, Zruuut oder Rksjgpwt vorkommen. Sollte es dort Licht geben, dann ist nicht ausgeschlossen, dass die Lebewesen Augen haben. Mindestens zwei Augen sind sinnvoll, wenn man räumlich sehen und Entfernungen abschätzen möchte. Zusammenarbeitende Wesen in Schwärmen oder Völkern, wie unsere Ameisen und Bienen, sind auch gut möglich. Wenn uns die Außerirdischen früher entdecken als wir sie, sind sie mit großer Wahrscheinlichkeit Raubtiere. Im Allgemeinen sind Raubtiere etwas klüger als Pflanzenfresser. Das muss so sein, weil ein Hirsch oder eine Gazelle mehr Fluchtstrategien zur Verfügung haben als ein Blumenkohl. Raubtiere müssen sich daher zum Überleben schneller auf ihre Intelligenz besinnen.

WERDEN AUSSERIRDISCHE 10 000 JAHRE ALT?

Seltsame Wesen mit glasartigen Adern voller Schwefelsäure oder kochendem Zyankali sind auch möglich. Was auf unserem Planeten giftig ist, kann ein Stückchen entfernt vielleicht die wichtigste Voraussetzung zum Überleben sein. So könnte es sogar Einzeller von der Größe eines Blauwals geben. Auf extrem kalten Planeten laufen chemische Reaktionen beträchtlich langsamer ab. Dort lebende Wesen werden also um einiges älter.

Trotzdem ist die Wahrscheinlichkeit am größten, dass wir Wesen wie auf der Erde vorfinden, mit Augen, Organen, Gliedmaßen und einer Haut oder einem Fell. Würde man Planeten wie die Erde erneut entstehen lassen, würden wahrscheinlich genau solche Wesen darauf leben wie auf unserem heutigen Planeten. Vielleicht lebt also ganz entfernt jemand, der aussieht wie Jan Groß aus Diez. Vielleicht gibt es sogar jemanden, der aussieht wie du ...

DIES NOCH ZUM SCHLUSS …

Evolution ist ein sensibles Thema. Häufig geht es ganz schön zur Sache, wenn Strenggläubige mit Wissenschaftlern darüber diskutieren, wer recht hat. Vermutlich meinst du, ich stünde dann immer auf der Seite der Wissenschaftler, aber das ist nicht der Fall. Ich glaube ganz sicher nicht daran, dass die Erde in sechs Tagen geschaffen wurde und dass das Weltall nur ein paar Tausend Jahre alt ist. Trotzdem ist es für mich ein verrückter Gedanke, dass alles, was um uns herum ist, einfach so entstanden sein soll, aus dem Nichts. Gibt es denn doch einen Gott? Ich weiß es nicht. Es gibt Wissenschaftler, die viel intelligenter sind als ich und die an Gott glauben. Man kann durchaus zugleich an die Evolution und an Gott glauben. Es gibt auch Wissenschaftler, die viel intelligenter sind als ich und die nicht an Gott glauben. Eins ist jedenfalls sicher: Ich bin zu dumm für eine Antwort auf die Frage, ob es einen Gott gibt oder nicht. Und eigentlich denke ich, dass das für jeden gilt.

Überleg mal: Wenn es keinen Gott gibt, woher kommen dann all die Dinge um uns herum? Wie sind die dorthin gekommen? Und wenn es einen Gott gibt – woher kommt der dann?

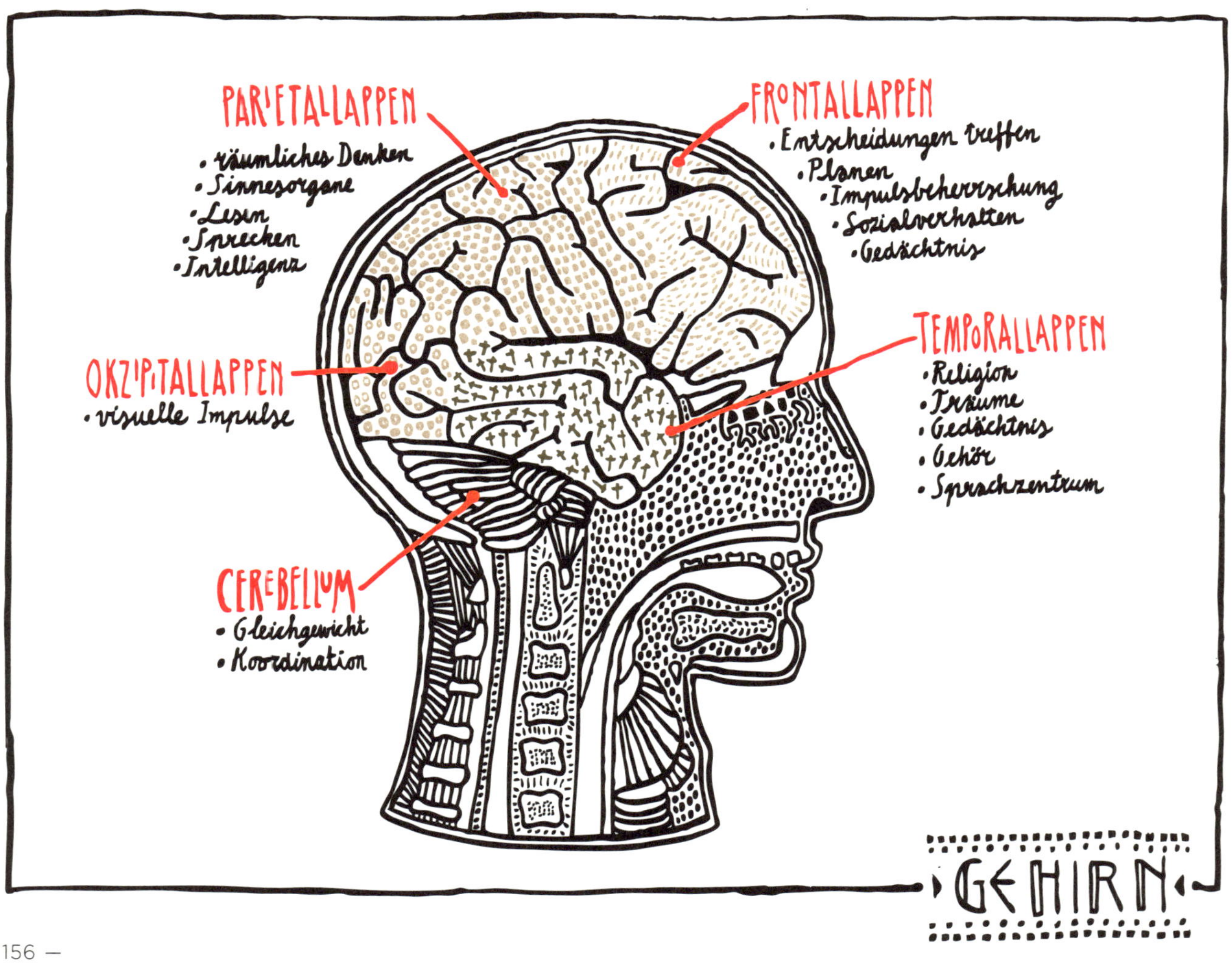

Kann man am Gehirn erkennen, ob jemand gläubig ist?

Ich bin gläubig erzogen worden und es ist immer ein kleiner Rest dieses Glaubens hängen geblieben. Man könnte sagen, tief im Herzen glaube ich immer noch, aber nicht mehr im Kopf. Obwohl ...? Ein Professor erzählte mir, der Glaube befände sich im Gehirn und er könne am Gehirn eines Menschen erkennen, ob die Person gläubig sei oder nicht! Ein bestimmter Teil in unserem Gehirn sei aktiv, wenn wir gläubig sind: der Temporallappen. Reize man diesen Temporallappen mit elektrischen Stromstößen, würden Menschen, die schon lange nicht mehr an Gott glauben, wieder gläubig. Ehemalige Christen sähen dann Jesus oder Gott. Ehemalige Moslems sähen Mohammed oder Allah und Menschen, die als Buddhisten aufgewachsen sind, sähen Buddha. Offensichtlich habe ich einen gut entwickelten Temporallappen.

Obwohl ich nicht im Traum daran denke, an der Evolution zu zweifeln, habe ich mich während der Recherchen für dieses Buch regelmäßig gefragt, ob denn wirklich alles stimmt, was die Wissenschaftler so behaupten. Hin und wieder las ich Artikel, die mich an den Theorien der Wissenschaft zweifeln ließen. Immer wieder kamen diese Artikel von Seiten der Kreationisten, der Menschen, die wörtlich glauben, dass Gott die Welt geschaffen hat. Das Besondere war, dass sie in ihren Artikeln nicht so oft falsch lagen. Fast alles, was da stand, stimmte. Das einzige Problem war, dass sie nicht alle Informationen herausrückten, wie im Kapitel über den Bombardierkäfer. In keinem einzigen Artikel von Kreationisten habe ich gelesen, dass es Hunderte von Käferarten mit denselben »explosiven« Stoffen auf dem Rücken gibt. Ich las nur Dinge, die Zweifel an der Evolution aufkommen ließen. So wurde eine halbe Wahrheit doch zu einer ganzen Lüge.

Halten Wissenschaftler Erkenntnisse zurück?

Verrückt genug beschuldigen manche Kreationisten wiederum die Wissenschaftler, Informationen zurückzuhalten und zu verdrehen. Aber das ist mir bei meinen Nachforschungen nirgends begegnet. Oder noch deutlicher ausgedrückt: Ich vermute, viele ungläubige Wissenschaftler würden auch lieber an Gott glauben. Stell dir mal vor, du würdest nach deinem Tod ewig im Himmel weiterleben? Das wäre doch schön? Und stell dir vor, du könntest als Wissenschaftler beweisen, dass Gott existiert, so, wie man beweisen kann, dass sich die Erde um die Sonne dreht. Das würde dir den Nobelpreis und ewigen Ruhm einbringen! Aber dieser Beweis wurde nie gefunden und wird wahrscheinlich auch nie gefunden werden.

Was du mit dieser Information anfangen sollst? Nichts. Wenn du dich mit der Frage herumschlägst, ob es Gott gibt, kannst du dich auf die Suche nach weiteren Informationen machen – auf Seiten der Gläubigen und auf Seiten der Wissenschaftler. Danach bestimmst du selbst, was du glaubst. Oder dass du es einfach nicht weißt. Vielleicht wird der Mensch durch die Evolution ja wirklich immer intelligenter. Und vielleicht ist unser Gehirn in der Zukunft endlich so weit entwickelt, dass es entdeckt, ob es einen Gott gibt oder nicht ...

REGISTER

Q

R

S

T

U

V

W

Y

Z